Robert Schich

Wie funktioniert ein Navigationsgerät?

Gibt es Alternativen/Erweiterungen?

GRIN Verlag

Bibliografische Information der Deutschen Nationalbibliothek:

Die Deutsche Bibliothek verzeichnet diese Publikation in der Deutschen Nationalbibliografie; detaillierte bibliografische Daten sind im Internet über http://dnb.d-nb.de/ abrufbar.

Impressum:

Druck und Bindung: Books on Demand GmbH, Norderstedt Germany
ISBN: 978-3-656-41164-2

Dieses Buch bei GRIN:

http://www.grin.com/de/e-book/213121/wie-funktioniert-ein-navigationsgeraet

TECHNISCHE UNIVERSITÄT DRESDEN

Fakultät für Mathematik und Naturwissenschaften
Institut für Physik
Professur für Didaktik der Physik
Wintersemester 2011/2012

Beleg zum Referat im Modul **Anwendungen der Physik und ihre Didaktik**:

Thema:

Wie funktioniert ein Navigationssystem (im Tunnel)?

Vorgelegt von: **Robert Schich**

Studiengang: Lehramtsbezogener Bachelor allgemeinbildende Schulen
Fächer: Geschichte - Physik
6. Fachsemester

Abgabedatum: 15.08.2012

Inhaltsverzeichnis:

[1] Im Folgenden wird ausschließlich das Maskulinum verwendet. Dies soll dem flüssigeren Lesen dienen und stellt keineswegs eine Diskreditierung oder Diskriminierung des weiblichen Geschlechts dar.

I. Einführung

„GPS – Global Positioning System, eine faszinierende, neue Technologie hat das Navigieren auf dem Lande, zu Wasser und in der Luft revolutioniert.“[2] stellte unter anderem Peter Bachmann in seinem Handbuch der Satellitennavigation im Jahre 1993 fest. Knapp 20 Jahre später ist das Thema GPS-Navigation nicht mehr „neu“ und „revolutionär“. Doch obwohl das Nutzen von GPS-Navigation spätestens seit der Erfolgswelle der Smartphones nahezu alltäglich geworden ist, bleibt dieses Thema und vor allem die Funktionsweise der Geräte, welche die mobile GPS-Navigation ermöglichen, für die meisten Menschen (den Autoren dieses Belegs eingeschlossen) weiterhin so faszinierend wie vor circa zwei Dekaden ein gewisser Herr Bachmann dies beschrieb. Dies ist nur einer der zahlreichen Gründe, die dafür sorgten, dass das Thema der satellitengestützten Ortung und Navigation auch in den Lehrplan aufgenommen wurde und den jungen Menschen in der Schule, welche in diesen Zeiten nahezu alle den Nutzen dieser Technologie bereits erfahren konnten, erläutert werden soll. Denn, und dies ist eine eher subjektive Ansicht des Autoren, dies macht die Schulphysik eben auch aus: Das Hinterfragen des Alltäglichen und nicht die blinde Akzeptanz der Technologien und deren Nutzen, wie sie heute vorherrscht. Die Neugier zu wecken, das Interesse zu schüren und eben nicht nur zu wissen wie etwas zu bedienen oder zu nutzen ist, sondern eben nach den generellen Prinzipien/Funktionsweisen zu fragen und diese zu ergründen zu versuchen.

I.I Einstufung des Themas in den Lehrplan

Für wahr: Vielleicht sollte man auch nicht übertreiben und wieder mal in einem Beleg für die Physikdidaktik so tun, als wäre das Thema, über welches man schreibt, wieder der Mittelpunkt der Welt. Darum lohnt sich eine realistische Betrachtung. Das Thema der Satellitennavigation taucht im Lehrplan in Sachsen erst in der Jahrgangsstufe 12 im Leistungskurs auf und nicht nur das, es ist wahrlich das Letzte. Gemeint ist hiermit: Im letzten Schuljahr, also kurz vor den Abiturprüfungen der Schüler, hat der Lehrer nochmals die Auswahl, für welchen Wahlpflichtbereich er sich entscheidet. Im „Wahlpflichtbereich 2: Anwendungen der Physik“[3] ist unter dem letzten Unterpunkt „Einblick gewinnen in weitere

[2] Bachmann, P.: Handbuch der Satellitennavigation. GPS Technik – Geräte – Anwendung. Stuttgart 1993, S. 9.
[3] Sächsisches Ministerium für Kultus [Hrsg.]: Lehrplan Gymnasium – Physik. Dresden 2009, S. 59, Stand 2004.

Verfahren“[4] unter anderem „Ortung und Entfernungsmessung, Radar und Satellitennavigation“[5] zu finden. Nun ist es also von der Lehrkraft abhängig, ob die Schüler überhaupt etwas über das GPS und die noch anzusprechenden weiteren Themen dieses Belegs zu hören bekommen und in welchem Umfang dies passiert, da, was sich noch herausstellen wird, dieses Thema eine unglaubliche Tiefe und einen enormen Umfang erlangen kann und für all die komplexen Sachverhalte, die in diesem Lernbereich zu klären sind (siehe Abbildung 1), nur zehn Unterrichtsstunden zur Verfügung stehen, sodass sowohl eine starke „didaktische Reduktion“[6], als auch eine vom Lehrer durchgeführte Bedingungsanalyse bezüglich der individuellen Bedingungen des Kurses (Interessen der Schüler, des Lehrers, Anzahl der Teilnehmer des Leistungskurses, Umgebung (Fachräume mit nutzbaren Medien ausgestattet?), Sinnhaftigkeit des jeweiligen Themas bezüglich der Abiturprüfungen und so weiter und so fort) von Nöten ist und darauf basierend entschieden werden kann ob und wie dieses Thema behandelt wird. Bilanzierend ist also festzuhalten, dass es bei diesem Thema eher um anwendungsorientierte Interessen, als um Grundlagen geht und es somit in die Kategorie „über den Tellerrand hinaus schauen“ einzustufen ist, was jedoch auch von einem Leistungskurs der 12. Jahrgangsstufe erwartet werden kann.

I.II Formulierung und Begründung von Leit- und Teilfragen

Die Leitfrage liegt natürlich auf der Hand und ist so allgemein formuliert, dass an ihr alle Bereiche des Themas und alle Teilfragen abgeleitet werden können: *„Wie funktioniert ein Navigationsgerät?“*. Darunter ist natürlich primär die Funktionsweise des GPS zu verstehen. Jedoch beinhaltet diese Leitfrage auch die Teilfragen, die dann in weitere Bereiche der Thematik führen: *„Welche Probleme können bei der Navigation mittels GPS auftreten?“* ist so ein Beispiel, was sowohl auf die Thematik der Fehler und Schwierigkeiten (gemeint sind nicht nur Probleme bezüglich der Navigation in einem Tunnel oder einer Großstadt, aber eben auch diese), welche dem System unterlaufen und auf welche im wissenschaftlichen Teil der Arbeit noch näher eingegangen werden soll, eingeht, als auch dazu überleitet, wie man diese umgehen oder beheben kann: *„Wie kann man diesen (Problemen) begegnen?“*, wäre die daraus resultierende Teilfrage, welche sich vor allem bezüglich der im wissenschaftlichen Teil des Beleges erläuterten Verfahren wie Assisted-GPS (AGPS) oder Differential-GPS

---

[4] Ebd., S. 59.
[5] Ebd., S. 59.
[6] Jank, W./Meyer, H.: Didaktische Modelle. 9. Auflage, Berlin 2009, S. 32.

(DGPS) widmet. Wenn man dabei ist, mit den Schülern bezüglich problemlösendem Denken (also der eben genannten Teilfrage), welches ja eine der zu fördernden Kompetenzen für den Unterricht darstellt, zu arbeiten, ist es relativ naheliegend, sich mit Alternativen der „reinen" GPS-Navigation auseinander zu setzen: *„Welche Alternativen gibt/gab es zur (reinen) GPS-Navigation?"* wäre eine logische Teilfrage, die dann vor allem den Arbeitsbereich um Inertiale Navigationssysteme (INS) wie zum Beispiel dem Trägheitsnavigationssystem (TNS) und diversen Kreiseln (Gyroskop, Laserkreisel, Vibrationskreisel) umfasst, sodass auch klar wird, welche Methoden/Möglichkeiten vor der erst in den 90er Jahren aufkommenden GPS-Navigation existierten und heute noch zur Unterstützung oder im Militär teilweise noch primär eingesetzt werden. Nach der Erläuterung nochmals kurz zusammengefasst:

Leitfrage: → Wie funktioniert ein Navigationsgerät?

Teilfragen: → Welche Probleme können bei der Navigation mittels GPS auftreten?

→ Wie kann man diesen (Problemen) begegnen?

→ Welche Alternativen gibt/gab es zur (reinen) GPS-Navigation?

Da der Umfang des Lernbereichs bezüglich der zehn zur Verfügung stehenden Unterrichtsstunden relativ hoch ist, sollte man nicht in Versuchung geraten noch tiefer in die Thematik eindringen zu wollen und ist mit diesen (vier) Fragen ausreichend ausgestattet, wenn nicht sogar schon zu umfassend vorbereitet. Doch bilden diese vier Fragen aufschlussreiche Möglichkeiten mit den Jugendlichen zu arbeiten und in einem ausgearbeiteten Unterrichtskonzept über mindestens zwei Doppelstunden (zum Beispiel) in Arbeitsgruppen (besonders für die Schüler) interessante und vor allem umfassende Ergebnisse zu erzielen.

I.III Voraussetzungen der Schüler für das Thema

Allein die Tatsache, dass dieses Thema im Leistungskurs der 12. Klasse als letzter Lernbereich positioniert ist, ist bereits ein Hinweis darauf, dass fast pauschal gesagt werden kann, dass die Schüler bereits „alles wissen müssen". Dies ist natürlich zu allgemein formuliert und so sollen an dieser Stelle einige wichtige Themen, welche grundlegend sind, genannt werden, sodass klar wird, dass die Schüler ein umfangreiches Wissen in den Unterricht einbringen müssen, um mit dem Lehrer an diesem Thema zu arbeiten:

Vor allem in der zehnten Klasse werden wichtige Grundlagen vermittelt. Im Lernbereich 1 „Mechanische Schwingungen und Wellen“[7] werden sowohl die Entstehung von Schwingungen und Wellen als auch zentrale Begriffe wie „Amplitude, Periodendauer, Frequenz, Wellenlänge, Ausbreitungsgeschwindigkeit“[8] und ebenso Eigenschaften wie „Beugung, Brechung, Reflexion“ und „Interferenz“[9] eingeführt, welche essentiell für das Verständnis von elektromagnetischen Wellen und später dem Thema der GPS-Navigation sind. Im Lernbereich 3 „Licht als Strahl und Welle“[10] wird erstmals aufgeklärt, dass Licht nicht nur mit dem Verständnis aus der Strahlenoptik zu sehen ist. Vor allem die Kenntnisse aus dem ersten Lernbereich können hier übertragen und anschließend erweitert werden. Hier stehen insbesondere „Interferenz, Beugung, Brechung und (Total-)Reflexion“[11] im Fokus. Diese Kenntnisse benötigen die Schüler zum Verständnis des nächsten (nach subjektiver Einschätzung) wohl wichtigsten Lernbereichs für dieses Thema: „Lernbereich 4: Hertz'sche Wellen“[12]. Das besonders dieser Lernbereich von zentraler Bedeutung ist, sollte bei der Betrachtung der Inhalte klar werden: „Kennen Hertz'scher Wellen“, „typische Frequenzen und Wellenlängen“, „Wellenlänge und Sendeleistung“ und besonders die Anwendungen wie „Funkfernsteuerungen, Handynetze, Navigationssystem, Radartechnik, Satellitenfernsehen, Radioteleskope“ zeigen, dass hier die Grundlagen für das Interesse und auch das Verständnis der Funktionsweise von GPS-Navigation gelegt werden.[13] Soll also in der zwölften Jahrgangsstufe auf das Thema der GPS-Navigation eingegangen werden, muss mit hoher Wahrscheinlichkeit einiges aus diesem Lernbereich nochmals wiederholt werden, da die Schüler zu diesem Zeitpunkt (in der zehnten Klasse) noch nicht in Grund- und Leistungskurse eingeteilt sind, sodass es wahrscheinlich ist, dass zwei Jahre später nicht sämtliche Inhalte bei allen Schülern präsent sind. In der Betrachtung der Lernbereiche der zehnten Klasse wurde eben der zweite Lernbereich „Kosmos, Erde und Mensch“[14] übergangen. Das hatte den Grund, dass die anderen drei Lernbereiche inhaltlich sinnvoller zusammen hängen und enger miteinander verflochten sind. Doch auch dieser Lernbereich ist für die Schüler von Nöten,

---

[7] Sächsisches Ministerium für Kultus [Hrsg.]: Lehrplan Gymnasium – Physik. Dresden 2009, S. 28, Stand 2009.
[8] Vgl. ebd., S. 28.
[9] Vgl. ebd., S. 28.
[10] Ebd., S. 29f.
[11] Vgl. ebd., S. 29f.
[12] Ebd., S. 30.
[13] Vgl. ebd., S. 30.
[14] Ebd., S. 28f.

besonders aufgrund zahlreicher Kenntnisse wie „Kepler'sche Gesetze", „Gravitationsgesetz", „Licht als Informationsquelle" sowie dem generellem Wissen bezüglich astronomischer Prozesse, Bewegungen und Inhalte, welche bekannt sein sollten, um auf ein Basiswissen zugreifen zu können.[15] In der zehnten Klasse finden sich also zahlreiche Inhalte, welche von essentiellem Wert für das zu behandelnde Thema sind. Doch auch in der elften und zwölften Jahrgangsstufe gibt es noch Inhalte, welche wichtig sind und hier aufgeführt sein sollen:

In Klasse elf Grundkurs Lernbereich 5 „Relativität von Raum und Zeit"[16] und im Leistungskurs im Lernbereich 6 „Einblick in die Relativitätstheorie"[17] werden relativistische Grundkenntnisse vermittelt, die später noch von Nöten sein werden, sobald man beim Thema GPS-Navigation auf mögliche Fehlerquellen und -korrekturen zu sprechen kommt, welche sich als Übergang zu den Alternativen (DGPS, AGPS, INS) und bezüglich der Fragestellung, was in einem Tunnel oder einer Großstadt (welches ja zentrale Fragestellungen sind) geschieht, anbieten.

In der zwölften Jahrgangsstufe sind im Grundkurs der Lernbereich 1 „Welleneigenschaften des Lichts"[18], welcher inhaltlich Gelerntes aus der zehnten Klasse erweitert und vertieft, und der Wahlpflichtbereich 3 „Akustik"[19], insbesondere aufgrund des Themas des Dopplereffekts, welches benötigt wird, um das Messen von Distanzen zwischen Satelliten und Empfängern zu verstehen, wie sich später noch herausstellen wird, von großem Wert. Der Dopplereffekt könnte natürlich auch, wenn man nicht bereit ist, einen ganzen Wahlpflichtbereich nur aufgrund einer Thematik zu wählen, ergänzend in der zwölften Klasse vor dem Thema der GPS-Navigation eingeführt und erklärt werden. Vor allem da das Thema der GPS-Navigation für den Leistungskurs geplant ist, wäre es möglich, dieses relativ zügig einzuführen.

Im Leistungskurs sind noch weitere Lernbereiche von Bedeutung wie „mechanische und elektromagnetische Schwingungen"[20], welcher ebenfalls die Thematik der zehnten Klasse nochmals aufgreift, vertieft und ergänzt, „Wellen als vielschichtige Naturerscheinung"[21], welcher besonders die Interferenz, welche für die GPS-Navigation eine enorm wichtige Eigenschaft von elektromagnetischen Wellen darstellt, der Wahlpflichtbereich 1 „Optische Phänomene"[22] und insbesondere die Inhalte des Wahlpflichtbereichs 2 „Anwendungen der

---

[15] Vgl. ebd., S. 29.
[16] Ebd., S. 38.
[17] Ebd., S. 47.
[18] Ebd., S. 39.
[19] Ebd., S. 41.
[20] Ebd., S. 52.
[21] Ebd., S. 52f.
[22] Ebd., S. 58.

Physik“[23], welche vor dem Thema der GPS-Navigation festgelegt sind, da an dieser Stelle nochmals auf den Dopplereffekt, Laufzeitunterschiede, Frequenzverschiebungen et cetera eingegangen wird, von hohem Stellenwert. In diesem Zuge ist es möglich, das Thema behutsam vorzubereiten und Grundlagen nochmals zu vermitteln, sodass die umfangreiche Lehre zum Thema selbst gewährleistet werden kann.

Das Vorstellen des Vorwissens der Schüler hat nun eine Dimension angenommen, die sehr umfangreich ist. Selbiges gilt natürlich für das gewählte Thema selbst, doch liegt es auf der Hand, dass eben solche Inhalte umfassendes Vorwissen bedingen, welches notwendig wird, sodass die Arbeit mit den Schülern überhaupt auf anzustrebender „wissenschaftlicher Basis“ (die didaktische Reduktion wohlwissend im Hinterkopf gehalten!) durchgeführt und zu (eventuell auch freudebringendem) Erkenntnisgewinn geführt werden kann. Die Lernbereiche bauen, besonders ab der zehnten Klasse, überwiegend sinnvoll und strukturiert aufeinander auf, sodass es einem Leistungskurs der zwölften Jahrgangsstufe, unter mittlerweile ausführlich dargelegten Bedingungen, möglich sein sollte, das Thema der GPS-Navigation sinnhaft zu durchdringen, Recherche zu betreiben, Erkenntnisse zu gewinnen und eine, auch auf die Lehrkraft eingegangen, erfreuliche Lehre im Unterricht zu betreiben.

II. Fachliches/Funktionsweisen

Nachdem nun der Bezug des Themas auf die Schule und den Unterricht hergestellt wurde, sollen in diesem Abschnitt Erläuterungen und Erklärungen folgen, welche das jeweilige Ortungs- und Navigationsverfahren vorstellen. Beginnend bei der Funktionsweise des Global Positioning System (GPS) über mögliche Probleme und Fehlerquellen, die auftreten können, hinführend zu einigen Alternativen, welche die Navigation in Fällen, in denen das GPS nicht ausreichend ist, unterstützen und die Ortung präzisieren wie dem Differential-GPS oder dem Assisted-GPS. Abschließend soll eine Betrachtung von Inertialen Navigationssystemen (INS), welche die Trägheitsnavigation (TNS) und diverse Kreiselsysteme umfasst, stattfinden, sodass auch Möglichkeiten aufgezeigt werden, wie die Navigation (theoretisch und praktisch) auch ohne das GPS funktionieren kann.

[23] Ebd., S. 59.

II.I Das Global Positioning System (GPS)

Das GPS wurde seit Anfang der siebziger Jahre vom amerikanischen Militär entwickelt. Die Amerikaner wollten einen Ortungs- und Navigationsdienst schaffen, der es ermöglicht, ihre strategischen Einsätze durchzuführen, ohne dass eine andere Nation (damals im kalten Krieg vorrangig die Sowjetunion) die Möglichkeit besitzt, ihre operierenden Einheiten zu orten. Das GPS besitzt diesen Vorteil, denn die in den Einheiten platzierten Empfänger senden, wie das Wort „Empfänger" bereits deuten lässt, keine Signale, sondern empfangen diese lediglich und verarbeiten eben diese. Das ermöglicht das „tracken" ohne, dass eine andere Nation die Einheiten ebenfalls aufspüren kann (außer die andere Fraktion wäre ebenfalls im Besitz eines Satellitensystems, was zum damaligen Zeitpunkt nicht der Fall war).[24] Die Entwicklung setzte sich so fort, dass in den neunziger Jahren das GPS vollkommen ausgebaut und nutzbar wurde. Allerdings sendeten die Amerikaner ein Störsignal, genannt „Selective Ability" [25], welches erst im Mai 2000 abgeschaltet wurde, sodass das Orten nun nicht nur für den zivilen Einsatz verwendbar wurde, sondern ebenfalls die Präzision in eben dieser Anwendung sich von ungefähr 100m auf 10m steigerte.

Damit ermöglicht wird, dass zu jeder Zeit, jeder Ort auf dem Planeten mittels GPS-Ortung erreichbar ist, benötigt es mindestens 24 Satelliten, welche permanent die Erde in einer Höhe von etwa 20.200m mit einer Geschwindigkeit von 3,9km/s umkreisen (siehe Abbildung 2).[26] Diese bewegen sich, wie in Abbildung 2 angedeutet, auf sechs Bahnebenen, welche jeweils um 55° gegen die Äquatorebene inkliniert (geneigt) und um 60° gegeneinander verdreht sind. Die genaue Lage der elliptischen Bahn des Satelliten gegenüber der Äquatorialebene wird durch die Winkel Inklination und Rektaszension bestimmt. Mittels der Keplerschen Gesetze können sowohl die mittlere Winkelgeschwindigkeit des Satelliten aus der Gravitationskonstante, der Masse der Erde und der Umlaufperiode als auch die mittlere Umlaufzeit der Satelliten (wie in Abbildung 3 dargestellt) bestimmt werden.[27] Die Satelliten benötigen für zwei Erdumrundungen auf diesen Bahnen 23 Stunden 56 Minuten und 56,6 Sekunden. Währenddessen senden sie permanent Signale mit drei Informationen aus:

1. Ich bin Satellit S_x

---

[24] Vgl. Zarchan, P. [Hrsg.] u.A.: Global Positioning System: Theory and Applications Volume I. 3. Auflage, Danvers 1996, S. 3-9.
[25] Hofmann-Wellenhof, B./Kienast, G./Lichtenegger, H.: GPS in der Praxis. Wien 1994, S. 6.
[26] Vgl. Thaller, G. E.: Satellitennavigation. Das Global Positioning System (GPS). Baden-Baden 1999, S. 21.
[27] Vgl. Mansfeld, W.: Satellitenortung und Navigation. Grundlagen und Anwendung globaler Satellitennavigationssysteme. Braunschweig/Wiesbaden, 1998, S. 25f.

2. Meine Position ist y-Grad Nord und z-Grad West

3. Ich sende genau zum Zeitpunkt t_s

Der GPS-Empfänger auf der Erde empfängt diese Informationen und kann damit arbeiten/rechnen.[28]

Allerdings ist dies nur möglich, wenn sich die Satelliten, auf den Empfänger bezogen, oberhalb des Abschaltwinkels (auch Sichtbarkeitswinkel α genannt), also dem kleinsten Höhenwinkel, bei dem das Signal noch ausgewertet werden kann, befindet, welcher, abhängig von der Position (und der Gegebenheiten des Geländes beziehungsweise der Umgebung des Empfängers), aus α‘ und Ψ_{min} (dem minimalem Erhebungswinkel) berechnet werden kann (siehe Abbildung 4 und 5).[29]

Doch wie genau funktioniert jetzt die Ortung? Der Empfänger benötigt, um seine Position und seine Geschwindigkeit zu errechnen, zunächst einmal Signale von mindestens vier Satelliten. Das Signal, welches jeder der vier Satelliten aussendet, ist kugelförmig vorstellbar. Der erste Satellit projiziert also einen Kreis auf die Erdoberfläche, auf dessen Umfang sich der Empfänger befindet. Der zweite Satellit projiziert ebenfalls mit Kontakt zum Empfänger einen Kreis auf die Erdoberfläche. Die beiden Kreise besitzen nun zwei Schnittpunkte und somit gibt es zwei mögliche Aufenthaltspositionen für den Empfänger. Nun projiziert ein dritter Satellit einen weiteren Kreis auf die Erdoberfläche, auf dessen Umfang sich der Empfänger befindet, sodass sich insgesamt vier Schnittpunkte der sich überlappenden drei Kreise gibt, jedoch nur einen Schnittpunkt, an dem sich alle drei Kreise schneiden. Somit kann der Empfänger seine Position aus den Schnittpunkten bestimmen. Der vierte Satellit wird benötigt, um nicht nur die Ortung zu präzisieren, sondern auch die Bewegung(sgeschwindigkeit) des Empfängers und dessen genaue Höhenlage zu ermitteln, doch dazu später mehr. Abbildung 6 zeigt eine (stark) vereinfachte Visualisierung des eben erklärten Vorgangs.[30]

Die Abbildung 7 zeigt nochmals den Vorgang der Ortung, jedoch unter der Berücksichtigung einer wesentlichen und wichtigen Problematik: In den Satelliten sind mehrere Atomuhren eingebaut, die die Zeitmessung sehr exakt durchführen. In den Empfängern jedoch werden meist kostengünstige(re) Quarzuhren verwendet, welche nicht exakt mit den Atomuhren synchron sind. Eine Abweichung der Quarzuhr von der exakten Zeit um nur 0,01s würde bei

[28] Vgl. ebd., S. 21.
[29] Vgl. ebd., S. 204f.
[30] Vgl. Strobel, J.: GPS – Global Positioning System. Technik und Anwendungen der Satellitennavigation. Poing 1995, S. 103-108.

einer ungefähren Höhe von knapp über 20km, unter der Annahme, dass sich das Signal mit Lichtgeschwindigkeit ausbreitet, eine Abweichung in der Ortung von circa 3000km ergeben.[31] Dies ist natürlich nicht akzeptabel. Aus diesem Grund ist, wie in Abbildung 7 zu sehen, eine Abweichung (als dick gezogene Linien dargestellt und als „Pseudo Range"[32] bezeichnet) mit einberechnet. Aufgrund der neuen Schnittpunkte der Kreise (B,C und D), welche sich aus den fehlerhaften Zeiten, die auf der Abweichung der Quarzuhren basieren, ergeben, entsteht eine Art Dreieck bezüglich der Positionsbestimmung. In dessen Mitte, welche der Empfänger berechnen kann, befindet sich seine aktuelle Position.[33]

Da die Rede von vier Satelliten war, soll nun erklärt werden, warum es noch einen vierten Satelliten benötigt, um die Bewegung und genaue Höhe des Empfängers zu ermitteln:

Die drei Satelliten senden jeweils ihre Koordinaten x, y und z, sodass der Empfänger seine Position über die Berechnung der Zeit- und Entfernungsmessung errechnen kann. Dies geschieht meist durch die „Trägerphasenmessung"[34] oder die Messung mittels Doppler-Effekt[35], sodass sich daraus resultierend drei Gleichungen mit drei unbekannten Variablen ergeben. Um nun aber die Bewegung des Empfängers ebenfalls zu errechnen, kommt die Zeit als vierte Unbekannte hinzu. Folglich benötigt man auch vier Gleichungen im Gleichungssystem, um die Unbekannten zu errechnen. Dies geschieht dann durch das Gleichsetzen der Entfernung der Satelliten (für jeden Satelliten wird eine Gleichung aufgestellt) zum Empfänger und der Distanzen aus der Laufzeitmessung des Signals unter der Annahme, dass sich das Signal mit Lichtgeschwindigkeit ausbreitet. Diese Gleichungen werden anschließend binom ausmultipliziert, sodass sich am Ende jeweils zwei reelle Lösungen für den Ort und die Zeit ergeben. Der Empfänger kann folglich zwei der Lösungen ausschließen, weil sich, bezüglich des Ortes, der eine *oberhalb* des Satelliten und somit nicht auf der Erde befindet, und sich, bezüglich der Zeit, der eine Zeitpunkt *vor* dem Absenden des Signals befindet. (Fußnote beachten!)[36]

---

[31] Vgl. Thaller, G. E.: Satellitennavigation. Das Global Positioning System (GPS). Baden-Baden 1999, S. 31.
[32] Bachmann, P.: Handbuch der Satellitennavigation. GPS Technik – Geräte – Anwendung. Stuttgart 1993, S. 39.
[33] Vgl. Strobel, J.: GPS – Global Positioning System. Technik und Anwendungen der Satellitennavigation. Poing 1995, S. 103-108.
[34] Mansfeld, W.: Satellitenortung und Navigation. Grundlagen und Anwendung globaler Satellitennavigationssysteme. Braunschweig/Wiesbaden, 1998, S. 159-178.
[35] Vgl. Bachmann, P.: Handbuch der Satellitennavigation. GPS Technik – Geräte – Anwendung. Stuttgart 1993, S. 23 und Thaller, G. E.: Satellitennavigation. Das Global Positioning System (GPS). Baden-Baden 1999, S. 79.
[36] An dieser Stelle soll nicht die exakte mathematische Rechnung vorgestellt werden, weil diese bereits mehrere Seiten in ausgewählter Fachliteratur füllt und dies somit den Rahmen sprengen würde. Gerne verweise ich für das Nachschlagen und exakte Verstehen dieser Mathematik aber auf ausgewählte Fachliteratur:

Es ist also geklärt, wie die Positions- und Bewegungsbestimmung funktioniert, doch wurde bereits darauf hingewiesen, dass es auch zu Fehlern in der Ortung und Navigation (etwa der nicht korrekt synchronen Quarzuhr) kommen kann. Dieser Thematik soll der folgende Abschnitt gelten.

Zuerst sollen hier relativistische Korrekturen angesprochen werden. Wie bereits erwähnt und in Abbildung 7 angedeutet, kann ein Zeitfehler enorme Auswirkungen auf die Positionsbestimmung haben. Nach der speziellen Relativitätstheorie (stark vereinfacht gesagt) laufenden die (Atom)Uhren in den sich mit knapp über 14.000km/h bewegenden Satelliten „langsamer" als die im Bezugssystem Erde „ruhenden". Die Uhren laufen um $0{,}83 * 10^{-8}\%$ zu langsam. Dieser Fehler summiert sich natürlich über einen gewissen Zeitraum und würde, unkorrigiert, dafür sorgen, dass die Abweichung der Messung von der wirklichen Position des Empfängers innerhalb von zwölf Stunden ungefähr einen Kilometer betragen würde. Außerdem ist die Gravitation ein Problem, denn je stärker die Gravitationskraft, desto „langsamer" vergeht die Zeit. Dieser „Fehler" wirkt sich also genau entgegengesetzt (die Gravitationskraft auf den Satelliten beträgt in dieser Höhe etwa nur 6% der Gravitationskraft auf der Erde (Diese ist natürlich je nach Position auch unterschiedlich)) aus und schlägt mit $5{,}28 * 10^{-8}\%$ zu Buche. Bezüglich der relativistischen Korrekturen ergibt das einen Gesamtfehler von etwa 450 Nanosekunden, was, auf 24 Stunden gerechnet, in etwa eine Abweichung der Ortung von 11,5 Kilometern entspräche. Diesem Fehler begegnet man allerdings, indem man die Trägerfrequenz des Signals moduliert und diese nicht auf 1023 MHz sendet, sondern auf 1022,999999545MHz herunter setzt.[37]

Weitere Fehler gilt es zu beachten:

Die Bahnen, auf welchen sich die Satelliten bewegen, können nicht als „rund" sondern müssen, wie bereits gezeigt, als elliptisch angenommen werden. Hinzu kommt die Tatsache, dass die Erde selbst um die Sonne kreist und dabei ebenfalls rotiert und der Sagnac-Effekt (siehe Abbildung 8) bezüglich der Erdrotation zu unterschiedlichen Laufzeiten der Signale führt. Dies resultiert unter anderem zu einem Bahnabweichungsfehler. Des Weiteren „eiern" die Satelliten minimal, das heißt, dass sie keine symmetrische Rotationsbewegung ausführen.

Gaul, L./Kistner, A./Mangold, U./Sorg, H. [Hrsg.]: Universität Stuttgart. Institut A für Mechanik. Anwendungsorientierte Genauigkeitsanalysen von satellitengestützten Trägheitsnavigationssystemen. Stuttgart 5/1998, S. 121-130.
Mansfeld, W.: Satellitenortung und Navigation. Grundlagen und Anwendung globaler Satellitennavigationssysteme. Braunschweig/Wiesbaden, 1998, S. 159-180.
Thaller, G. E.: Satellitennavigation. Das Global Positioning System (GPS). Baden-Baden 1999, S. 41-47.

[37] Vgl. Mansfeld, W.: Satellitenortung und Navigation. Grundlagen und Anwendung globaler Satellitennavigationssysteme. Braunschweig/Wiesbaden, 1998, S. 179f und Thaller, G. E.: Satellitennavigation. Das Global Positioning System (GPS). Baden-Baden 1999, S. 56f.

Auch muss berücksichtigt werden, dass die Erde nicht als symmetrische Kugel angenommen werden kann, was ebenfalls Auswirkungen auf die Signale der Satelliten hat.[38]

Weitere zu berücksichtigende Fehlerquellen sind unter anderem „Multipath"[39] zu Deutsch: der Mehrwegeffekt, wie in Abbildung 9 dargestellt und das „Shadowing"[40]. Der Mehrwegeffekt kann vor allem in Städten zu Problemen führen. Beim Mehrwegeffekt wird das Signal des Satelliten reflektiert, zum Beispiel an Häuserwänden. Wie in der Abbildung zu sehen, verlängert sich natürlich der Weg des Signals und es kann zu einer falschen Berechnung kommen oder gar zu „Phantomzielen", wie in der selbst erstellten Abbildung 10 angedeutet. Unter Shadowing versteht man einfach das „verschlucken" des Signals von einem Busch, Strauch, Baum oder ähnlichem.[41]

Zuletzt sei noch auf weitere ernstzunehmende Fehler hingewiesen: atmosphärische Fehler. Da die Sonne die Erde nicht in allen Bereichen gleichmäßig erwärmt, kommt es zu Luftunruhen (turbulente Luftströmungen) beim Aufsteigen der Luft (Konvektion). Dies ist wie beim „Flimmern der Straße an heißen Tagen" durch die Szintillation der Sterne wahrnehmbar und nennt sich „Seeing".[42] Diese Tatsache sorgt dafür, dass sich in der Ionosphäre und in der Troposphäre ständig die Brechzahl und die Durchdringungseigenschaften der elektromagnetischen Wellen ändern. Besonders die Ionosphäre ist aufgrund ihrer unterschiedlichen Schichten und der unterschiedlichen Elektronendichten schwer ausrechenbar und wirkt sich direkt auf die elektromagnetischen Wellen der Satelliten aus, wie in Abbildung 11 und 12 (stark vereinfacht) dargestellt.[43]

Wie zu erkennen ist, gibt es eine Vielzahl an möglichen Stör- und Fehlerquellen, welche die GPS-Ortung und –Navigation erheblich erschweren. Da es diese zu korrigieren gilt, soll Abbildung 13 nochmals die Korrekturfaktoren bezüglich der hier vorgestellten Fehler in Metern aufzeigen. Dabei wird klar, dass die relativistischen Korrekturen im Verhältnis zu der Rotation der Erde (Sagnac-Effekt et cetera) und den Störungen der Ionosphäre relativ gering sind, obwohl, wie vorhin dargelegt, diese auch bereits nach einem halben Tag, unkorrigiert,

---

[38] Vgl. Zarchan, P. [Hrsg.] u.A.: Global Positioning System: Theory and Applications Volume I. 3. Auflage, Danvers 1996, S. 477f.
[39] Gaul, L./Kistner, A./Mangold, U./Sorg, H. [Hrsg.]: Universität Stuttgart. Institut A für Mechanik. Anwendungsorientierte Genauigkeitsanalysen von satellitengestützten Trägheitsnavigationssystemen. Stuttgart 5/1998, S. 99f.
[40] Thaller, G. E.: Satellitennavigation. Das Global Positioning System (GPS). Baden-Baden 1999, S. 53f.
[41] Vgl. ebd., S. 53f.
[42] Zarchan, P. [Hrsg.] u.A.: Global Positioning System: Theory and Applications Volume I. 3. Auflage, Danvers 1996, S. 487.
[43] Vgl. ebd., S. 487-516 und Thaller,G. E.: Satellitennavigation. Das Global Positioning System (GPS). Baden-Baden 1999, S. 50ff.

Auswirkungen im Kilometerbereich hätten. Es sind also exakte Berechnungen und Kontrollen erforderlich, um die genaue GPS-Navigation rund um die Uhr an jedem Ort der Erde zu ermöglichen. Doch war auch, wie beim „Shadowing" zu erkennen, dass manche Probleme derart schwierig zu lösen sind, dass es Erweiterungen oder Alternativen geben muss. Einige ausgewählte sollen nun in den folgenden Abschnitten vorgestellt werden.

II.II Das Differential-GPS (DGPS)

Das Differential-GPS (DGPS) ist eine dieser Erweiterungen für das GPS. Es ermöglicht eine enorme Präzisionserhöhung und eine Ortung und Navigation in einer Genauigkeit von unter einem Meter, laut Bachmann.[44] In etwas modernerer Literatur findet man auch Angaben, dass die Ortung und Navigation mit dem DGPS bis auf wenige Zentimeter genau wird.[45] Damit ist es vor allem im logistischen und militärischen Bereich enorm wertvoll für die Nutzer. Mit logistisch ist besonders der Bereich der Luft- und Seefahrt gemeint. Bei Landungen von Flugzeugen zum Beispiel ist, selbst unter sehr schlechten Sicht- und Witterungsbedingungen, ein Anflug auf einen Flughafen (oder sogar auf einen benachbarten Regionalflughafen, wie Abbildung 14 zeigt) mit sehr hoher Präzision möglich. Die Genauigkeit und Zuverlässigkeit der Navigation wird durch das DGPS im Vergleich zum „normalen" GPS stark erhöht. Dies kann natürlich nicht nur in der Luft- und Seefahrt, sondern auch in der Landwirtschaft („precision farming"[46]) und anderen Gebieten angewendet werden, zum Beispiel bei Problemen der Navigation, wie sie im vorherigen Abschnitt beschrieben wurden.

Für die Funktionsweise des DPGS benötigt es zu den vier stets verwendeten Satelliten eine Referenzstation (in Abbildung 14 befindet sich diese am „großen" Flughafen). Diese Referenzstationen sind an teilweise strategisch wichtigen Orten errichtet worden, doch werden auch mobile Stationen, zum Beispiel in Großstädten, eingesetzt, welche natürlich enorme Vorteile mit sich bringen. Die Satelliten senden ihr Signal also an den Empfänger, welcher dieses auszuwerten versucht. Außerdem stehen sie in ständigem Kontakt zur genannten Referenzstation, welche ebenfalls in Verbindung mit dem Empfänger steht und diesen ständig „getrackt" hat. Auf Basis der empfangenen Informationen und der von der

---

[44] Vgl. . Strobel, J.: GPS – Global Positioning System. Technik und Anwendungen der Satellitennavigation. Poing 1995, S. 109.

[45] Vgl. Esri Industries. Letzte Aktualisierung: unbekannt. URL: http://www.esri.com/news/arcuser/0103/differential1of2.html Zugriff am 03.08.2012.

[46] AgriCon. Precision Farming Company. Letzte Aktualisierung: unbekannt. URL: http://www.agricon.de/unternehmen/precision-farming/ Zugriff am 03.08.2012.

Referenzstation erhaltenen Informationen, können in eben dieser, aufgrund von Berechnungen, Korrekturdaten ermittelt werden, die vorhin genannte Fehler berücksichtigen. Somit können diese weiterverarbeitet und an den Empfänger übermittelt werden, sodass dieser aus den von den Satelliten empfangenen Daten und den von der Referenzstation eingespeisten Informationen (Korrekturdaten) seine exakte Position errechnen kann. Dies ist, wie bereits erwähnt, ein unglaublich präziser Prozess, bei dem vor allem atmosphärische Störungen korrigiert werden können und ebenfalls der Mehrwegeffekt ausgeschlossen werden kann, da das Problem des Mehrwegeffekts ja die in Abbildung 10 zu sehenden Phantomziele sind. Der Empfänger errechnet also seine Position so, dass er an zwei möglichen Orten sein könnte. Durch den ständigen Kontakt zur Referenzstation können diese Fehler korrigiert und größtenteils beseitigt werden.[47]

Allerdings gibt es noch andere, als die genannten Probleme, welche ebenfalls das DGPS an seine Grenzen stoßen lässt, zum Beispiel die Navigation bei einer Fahrt durch einen Tunnel. Dass auch das Signal der Referenzstation einen Berg nicht durchdringen kann, sollte klar sein. Aus diesem Grund suchte man nach weiteren Lösungen. Die einfachste Lösung ist eben jene, die in fest eingebauten Navigationssystemen in Autos häufig zu finden ist: Das Navigationssystem wird einfach mit dem Tachometer zusammen geschlossen, sodass zwar die Satellitenverbindung abreißt, allerdings die Route für das Navigationssystem bekannt ist und aus den Daten des Tachometers (also Geschwindigkeit), die Bewegung weiter errechnet werden kann. Das Problem ist jedoch, dass eine Vielzahl von Autofahrern keine fest eingebauten Navigationssysteme nutzt, sondern mobile Navigationssysteme. Außerdem nutzen mittlerweile viele Menschen ihr Smartphone um sich von diesem navigieren zu lassen. Doch wie ist dies in so einer Situation (im Tunnel) möglich? Das folgende Kapitel soll eine Lösung anbieten.

II.III Das Assisted-GPS (AGPS)

AGPS wird häufig in mobilen Navigationssystemen verbaut/-wendet. Auch findet es Anwendung in vielen modernen Mobiltelefonen/Smartphones, weil es hier besonders naheliegend ist und sich stark anbietet.

[47] Vgl. Zarchan, P. [Hrsg.] u.A.: Global Positioning System: Theory and Applications Volume II. 3. Auflage, Danvers 1996, S. 3-9.

Nahezu jeder Nutzer kennt folgendes Problem: Wenn das Navigationssystem längere Zeit nicht genutzt wurde, dauert es teilweise bis zu einer viertel Stunde, ehe das Gerät das GPS-Signal gefunden hat. Dies wird besonders dann verstärkt, wenn, während das Navigationssystem nicht tracken konnte (also nicht eingeschaltet war), ein Ortswechsel stattgefunden hat oder es in Waldgebieten eingesetzt wird, wo das schon genannte „Shadowing“ auftritt. Der Grund für diesen Sachverhalt ist der Almanach im Navigationssystem. Dieser beinhaltet eine Liste mit allen gespeicherten „Ephemeriden“[48], also einer Art Positionsverzeichnis der Satelliten, die die Informationen beinhaltet, an welcher Position zu welcher Zeit über die nächsten Tage welcher Satellit aufzufinden ist. Wenn dieser nicht aktuell ist, also wenn das Navigationssystem einige Zeit nicht genutzt wurde, sind die gesammelten Bahndaten nicht aktuell und somit dauert es länger, die Verbindung zu den vier benötigten Satelliten aufzubauen. An dieser Stelle kommt das AGPS ins Spiel. Der Empfänger nutzt das Global System for mobile Communication- (kurz: GSM)-Netz. Da der Empfänger (als Beispiel hier: ein Smartphone) im GSM-Netz an mindestens einem Funkmasten (sofern „Empfang“ ist) eingewählt ist, kann es mit diesen Informationen seinen Aufenthaltsort bereits stark eingrenzen, da das Smartphone den Ausstrahlungsbereich des Funkmasten von selbigem mitgeteilt bekommt. Bei manchen Geräten kann das AGPS sogar genutzt werden, um über das GSM-Netz den Almanach zu updaten, also die Informationen bezüglich der Ephermeriden zu aktualisieren, sodass eine folgende Kontaktaufnahme beziehungsweise Signalverarbeitung von den Satelliten wesentlich schneller, genauer und sicherer geschieht. Abbildung 15 zeigt nochmals schematisch das Wirkprinzip vom AGPS. Doch das AGPS ist noch weiter entwickelt worden. Seit 2009 wird es in nahezu allen GPS-fähigen Mobiltelefonen verbaut (natürlich teilweise schon zuvor, doch hat sich bis 2009 die Funktionalität und Effektivität durchgesetzt und wurde anschließend wesentlich häufiger verbaut/genutzt) und kann mittlerweile sogar ohne die Unterstützung der Satelliten auf wenige Meter genau die Position eines Empfängers ermitteln. Hierzu wird der Dopplereffekt genutzt. Ist das Smartphone an (mindestens) drei Funkmasten eingewählt, kann über das Aussenden und das Rücksenden von Signalen eine Frequenzverschiebung im Signal gemessen werden. Über diese Art der Laufzeitmessung ist es möglich, aus der Geschwindigkeit des Signals die momentane Entfernung zu dem jeweiligen Funkmasten zu errechnen und somit die Position des Empfängers zu bestimmen (also ähnlich wie bei den Satelliten).[49]

---

[48] Mansfeld, W.: Satellitenortung und Navigation. Grundlagen und Anwendung globaler Satellitennavigationssysteme. Braunschweig/Wiesbaden, 1998, S. 178.
[49] Vgl. Zarchan, P. [Hrsg.] u.A.: Global Positioning System: Theory and Applications Volume II. 3. Auflage, Danvers 1996, S. 117-130 und Gneiting, S.: Ende der Schnitzeljagd: A-GPS macht die Navigation schneller.

Doch zurück zur Problematik mit der Tunnelfahrt. In modernen Tunneln gibt es mittlerweile die Möglichkeit, während des Durchfahrens im GSM-Netz eingewählt zu bleiben. Doch bei älteren Tunneln ist dies nicht der Fall. Außerdem war die Rede vom Jahr 2009. Wie wurde diese Problematik vor 2009 gelöst, da es auch vor diesem Jahr bereits möglich sein musste, auch während einer Tunnelfahrt die Position eines Empfängers zu tracken, ohne dass dies über das Einspeisen der Daten des Tachometers zwanghaft gelöst werden musste? Der folgende Abschnitt soll weitere Alternativen anbieten.

II.IV Inertiale Navigationssysteme (INS)

In die Kategorie der inertialen Navigationssysteme werden zahlreiche Messinstrumente gezählt, welche sich in einer Vielzahl von Anwendungen widerspiegeln. Unter anderem zählen zu diesen INS:

→ Trägheitsnavigationssysteme (TNS)

→ Beschleunigungs- und Drehratensensoren (zählen teilweis zu den TNS)

→ zahlreiche Kreisel (Gyroskop/Kreiselkompass, LASERkreisel und Vibrationskreisel).

Diese Anwendungen sollen im folgenden Abschnitt vorgestellt werden. Der Vorteil von inertialen Navigationssystemen liegt vor allem darin, dass kein GPS-Tracking notwendig ist, um eine Navigation zu ermöglichen. Es wird also kein zwingender Kontakt zu den vier Satelliten benötigt, was sich, auf die genannten Probleme bezogen, natürlich als sehr positive Lösung darstellt, insbesondere beim Mehrwegeffekt und dem Shadowing oder in Tunneln oder Großstädten. Weil diese Navigationssysteme allesamt „on-board" Lösungen sind, werden sie häufig im Militär eingesetzt und zwar nicht nur in der Luft- und Seefahrt, sondern auch bei Langstreckenraketen.[50]

Die Abbildung 16 zeigt eine Inertialplattform mit Kreiseln und einem Beschleunigungssensor, also einem TNS. In Abbildung 17 ist das Prinzip eines Beschleunigungssensors nochmals detaillierter dargestellt. Die Messung einer Ortsänderung von Beschleunigungs- und Drehratensensoren beruht auf dem Prinzip von seismischen Massen und den Trägheitskräften.

Letzte Aktualisierung: 02.10.2007. URL: http://www.zdnet.de/39158099/ende-der-schnitzeljagd-a-gps-macht-die-navigation-schneller/ Zugriff am 04.08.2012.

[50] Vgl. Bachmann, P.: Handbuch der Satellitennavigation. GPS Technik – Geräte – Anwendung. Stuttgart 1993, S. 23f.

Die Messsensoren werden an einem Messobjekt angebracht (meist sind es mehr als nur auf der Inertialplattform in Abbildung 16 dargestellt) und besitzen sechs Freiheitsgrade (drei translatorische in jede Raumrichtung und drei rotatorische, die jeweils orthogonal zueinander sind). Zu Beginn werden ein raumfestes und ein körpereigenes Koordinatensystem bestimmt, sodass jede Positionsänderung durch kinematische Transformation zum Bezugssystem errechnet werden kann. Bei der Messung befindet sich ein Massestück zentral im Beschleunigungssensor und ist an einer Feder befestigt, welche an ein Piezoelement gekoppelt ist (wie in Abbildung 17 zu sehen). Wird nun der Körper, an welchem der Beschleunigungssensor befestigt ist, in Bewegung versetzt, bewegt sich die Masse aufgrund ihrer Trägheit nicht sofort mit. Die Feder mit der Federkonstante k wird ausgelenkt und diese Auslenkung z ist messbar und proportional zu k. Damit ergibt sich für die „Trägheitskraft" $F = z * k$. Weil die Masse m bekannt ist und es gilt $F = m * a$ kann die Beschleunigung a ermittelt werden. Über doppelte Integration nach der Zeit t kann nun die Bewegungsänderung ds ermittelt und daraus die aktuelle, neue Position errechnet werden.[51] Die Beschleunigung kann bei „piezoelektrischen Beschleunigungsmeßgeräten [sic!]"[52] direkt über die auf die Prüfmasse und damit die auf den Piezokristall einwirkende Kraft gemessen und bestimmt werden.

Nachteilig an der Trägheitsnavigation ist die Tatsache, dass die Sensoren ständig exakt kalibriert sein müssen, um bei der kinematischen Transformation genaue Ergebnisse zu errechnen, sodass die Positionsbestimmung nicht abweichend wird. Außerdem unterliegen die Sensoren einer Sensordrift (die sich in verschiedenen Maße auswirken kann), welche zu einer sukzessiven Dekalibrierung des Systems führt. Da dieser Fehler kommutativ verstärkt ist und sogar durch die doppelte Integration die Potenz 2 besitzt, sind also häufige Kontrollen und auch Neukalibrierungen notwendig.[53]

Allerdings hat die Praxis gezeigt, dass die Sensoren sehr genau arbeiten und vor allem dort gewinnbringend eingesetzt werden können, wo das GPS nicht funktioniert, wie zum Beispiel in U-Booten, bei Tunnelbohrungen, aber auch, wie bereits erwähnt, in Luft- und Raumfahrt und beim Fahrzeugbau (Elektronisches Stabilitätsprogramm (ESP) arbeitet auf dieser Basis),

---

[51] Vgl. Gaul, L./Kistner, A./Mangold, U./Sorg, H. [Hrsg.]: Universität Stuttgart. Institut A für Mechanik. Anwendungsorientierte Genauigkeitsanalysen von satellitengestützten Trägheitsnavigationssystemen. Stuttgart 5/1998, S. 67ff. und Strobel, J.: GPS – Global Positioning System. Technik und Anwendungen der Satellitennavigation. Poing 1995, S. 55.
[52] Strobel, J.: GPS – Global Positioning System. Technik und Anwendungen der Satellitennavigation. Poing 1995, S. 57f.
[53] Vgl. Gaul, L./Kistner, A./Mangold, U./Sorg, H. [Hrsg.]: Universität Stuttgart. Institut A für Mechanik. Anwendungsorientierte Genauigkeitsanalysen von satellitengestützten Trägheitsnavigationssystemen. Stuttgart 5/1998, S. 47f.

wie auch im Militär unter anderem bei Waffensystemen und führen zu einer besonders hohen Sicherheit der Navigation, insbesondere dann, wenn sie mit dem GPS gekoppelt („Koppelnavigation“[54]) werden.[55]

Auch die bereits genannten Kreisel zählen zu den nutzbaren Alternativen, wenn das GPS nicht verfügbar ist, beziehungsweise erhöhen mit der Kopplung mit dem GPS die Sicherheit einer sehr hohen Präzision der Navigation und Ortung.

Auch wenn mechanische Kreisel mehr und mehr durch optische Kreisel (beide Arten sollen noch kurz anhand von drei ausgewählten Beispielen vorgestellt werden) ersetzt werden, so stellen sie immer noch eine Alternative und sinnvolle Ergänzung zur GPS-Navigation dar und eignen sich für die Koppelnavigation.[56]

Der Kreiselkompass, auch Gyroskop genannt, ist eine genau so simple wie geniale Erfindung. In Abbildung 18 schematisch dargestellt erklärt sich seine Funktionsweise wie folgt:

Da der Drehimpuls L sich aus dem Kreuzprodukt der Winkelgeschwindigkeit ω und dem Radius des rotierenden Körpers r ergibt und eine vektorielle Größe ist ($L = r \times \omega$) und die Drehimpulserhaltung gilt, wirkt auf den rotierenden Kreisel in Abbildung 18, welcher eine Drehbewegung in Richtung des blauen Pfeils mit ω ausführt, der Drehimpuls in Richtung der Drehachse (roter Pfeil). Nun kommt die Erdrotation ins Spiel. Diese lässt den Kreisel zum zweiten Bild in Abbildung 18 wandern. Der Drehimpuls versucht den Kreiselkompass in der abgebildeten Position zu halten, doch die „Gewichtskraft“ „zieht“ den Kreisel in die für den Betrachter logische „nicht schiefe“ Position (blauer Pfeil). Diese Bewegung ist ebenfalls eine Kreisbewegung und erzeugt einen weiteren Drehimpuls, nämlich am grünen Punkt der Aufhängung, welcher in die Bildebene hinein zeigt. Aufgrund des Vektorcharakters der beiden Drehimpulse überlagern sich diese und der Kreiselkompass richtet sich in Richtung des Gesamtdrehimpulses aus. Aufgrund der Tatsache, dass die Erdrotation permanent, ununterbrochen auf den Kreisel wirkt, richtet sich dieser ständig, sobald er angestoßen wurde, aus und zwar in Richtung der Pole. Somit kann man den Kreiselkompass für die Navigation einsetzen, ohne auf das Magnetfeld der Erde (wie bei herkömmlichen Kompassen) angewiesen zu sein. In der Abbildung 19 ist ein Kugelkompass, basierend auf den

[54] Strobel, J.: GPS – Global Positioning System. Technik und Anwendungen der Satellitennavigation. Poing 1995, S. 57.

[55] Vgl. Bachmann, P.: Handbuch der Satellitennavigation. GPS Technik – Geräte – Anwendung. Stuttgart 1993, S. 24.

[56] Vgl. Gaul, L./Kistner, A./Mangold, U./Sorg, H. [Hrsg.]: Universität Stuttgart. Institut A für Mechanik. Anwendungsorientierte Genauigkeitsanalysen von satellitengestützten Trägheitsnavigationssystemen. Stuttgart 5/1998, S. 49.

Entwicklungen des Kreiselkompasses zu sehen. Dieser wurde um 1926 von Anschütz-Kaempfe und Einstein entwickelt und bedurfte keiner vollkardanischen Aufhängung, weil dieser frei in einer Flüssigkeit schweben konnte. Er konnte in Luft- und Seefahrt zur Navigation eingesetzt werden, aber auch im Militär für Waffensysteme.[57] In Bezug auf die Problematik der Navigation in Tunneln zum Beispiel ist zu sagen, dass solche Kreiselkompasse in Navigationssystemen eingebaut wurden (relativ kostspielig!) und aus der Ausrichtungsänderung des Kreiselkompasses die aktuelle Richtungs- und Bewegungsänderung errechnet werden konnte.

Wie bereits erwähnt, lösten die optischen Kreisel überwiegend die mechanischen ab, darum nun zum Ringlaserkreisel:

Abbildung 20 zeigt den schematischen Aufbau eines Ringlaserkreisels. Die Abbildung 21 zeigt diesen schematischen Aufbau nochmals stark vereinfacht. Im Gegensatz zum Gyroskop besitzt der Ringlaserkreisel keine beweglichen Teile. Die Funktion des Ringlaserkreisels beschränkt sich überwiegend darauf, die Drehraten im Raum zu messen und seine Funktionsweise beruht auf dem bereits angesprochenen und in Abbildung 8 dargestellten Sagnac-Effekt. Essentiell für den Ringlaserkreisel sind die drei verbauten Spiegel. Der Laser sendet zwei Lichtsignale, welche sich jeweils in entgegenlaufende Richtungen bewegen. Diese sind monochromatisch und frequenzstabil. Befindet sich der Ringlaserkreisel in ruhendem Zustand, so sind die beiden am Detektor eintreffenden Signale identisch, wenn sich der Kreisel allerdings in Rotation befindet, dann sind sie, aufgrund von Interferenz, phasenverschoben. Wie bereits angedeutet, ist der Sagnac-Effekt dafür verantwortlich. Anhänger der Relativitätstheorie erklären den Effekt folgender Maßen:

Das Licht, welches sich gegen die Drehrichtung bewegt, bewegt sich in einem „stärker bewegten System“ und ist demzufolge „jünger“, weil die Zeit „langsamer“ vergeht. So wird die unterschiedliche Phasenlänge erklärt. Die am Detektor auftreffenden Lichtwellen interferieren und es entsteht eine Schwebung, deren Frequenz proportional zur Drehung des Systems ist. Anhand der Interferenzstreifen ist somit die Frequenzdifferenz messbar und die Rotationsbewegung kann aus der Schwebefrequenz bestimmt werden. Daraus resultierend kann die Richtungs- und Bewegungsänderung berechnet werden. Der Einsatz des Ringlaserkreisels wird bevorzugt in Flugzeugen, Panzern und Schiffen vorgenommen, wurde aber auch bereits in Navigationssystemen von Autos verbaut. Natürlich ist auch dieses System

[57] Vgl. Strobel, J.: GPS – Global Positioning System. Technik und Anwendungen der Satellitennavigation. Poing 1995, S. 55ff.

wieder von der exakten Kalibrierung abhängig und es kann wiederrum zu einer Sensordrift kommen. Weiterhin nachteilig sind natürlich die hohen Kosten, die solch ein Ringlaserkreisel bei der Produktion verursacht. Allerdings kann der Kreisel in der Koppelnavigation mit dem GPS enorm präzise Navigation und Ortung ermöglichen.[58]

Eine weitere Möglichkeit stellen die sogenannten faseroptischen Kreisel, auch Faserkreisel abgekürzt, dar. Abbildung 22 zeigt den schematischen Aufbau, welcher auf den ersten Eindruck nicht viel mit den vorherig vorgestellten Kreiseln gemein hat, doch ist es so, dass die Funktionsweise des faseroptischen Kreisels mit der des Ringlaserkreisels nahezu identisch ist. Die Messung der Drehrate beruht auf dem gleichen Prinzip, nur mit dem Unterschied, dass anstelle von drei ausgerichteten Spiegeln hier eine Lichtleitfaser verwendet wird, welche zu einer Spule symmetrisch zur Fasermitte, damit umweltbedingte Störungen wie Temperaturänderungen (Shupe-Effekt → dT verursacht Ausdehnung der Lichtleitfaser dl und somit Beeinflussung der beiden Lichtwellen) auf beide Lichtstrahlen gleiche Auswirkungen besitzen und somit die Phasenfehler identisch sind, gewickelt wurde, in welcher sich das Licht fortbewegt. Der Vorteil gegenüber den Ringlaserkreiseln ist der kleine Raum, den der Faserkreisel benötigt. Es ist also möglich, ihn in kompakter Bauweise auch in Navigationssystemen für Autos gewinnbringend einzubauen. Weiterhin ist diese Art Kreisel nicht so kostenaufwändig (außer es wird eine teurere polarisationserhaltende Faser mit hoher Doppelbrechung verwendet) wie die zuvor vorgestellten. Nachteilig ist die Tatsache, dass die Faserkreisel häufig nachkalibriert und ständig überprüft werden müssen. Außerdem sind sie anfällig gegenüber Temperaturänderungen (Shupe-Effekt), müssen also stabil isoliert ge- und verbaut werden, sowie gegenüber externen Magnetfeldern, dem Kerr-Effekt (auf der Drift und dem Brechungsindex der Lichtleitfaser beruhende Störungen) und weiteren allerdings berechenbaren und kompensierbaren Fehlerquellen (physikalischer Skalenfaktorfehler, beruhend auf der Änderung der Geometrie der Sensorspule und den Schwankungen der Emissionswellenlänge).[59]

Als letzte Möglichkeit der Anwendung von Kreiseln in der Navigation soll hier der (piezoelektrische) Vibrationskreisel beschrieben werden. Abbildung 23 zeigt einen Vibrationskreisel und die Abbildung 24 zeigt den schematischen Aufbau. Häufig wird ein

---

[58]Vgl. Strobel, J.: GPS – Global Positioning System. Technik und Anwendungen der Satellitennavigation. Poing 1995, S. 57ff. und Gaul, L./Kistner, A./Mangold, U./Sorg, H. [Hrsg.]: Universität Stuttgart. Institut A für Mechanik. Anwendungsorientierte Genauigkeitsanalysen von satellitengestützten Trägheitsnavigationssystemen. Stuttgart 5/1998, S. 49-56.

[59] Vgl. Gaul, L./Kistner, A./Mangold, U./Sorg, H. [Hrsg.]: Universität Stuttgart. Institut A für Mechanik. Anwendungsorientierte Genauigkeitsanalysen von satellitengestützten Trägheitsnavigationssystemen. Stuttgart 5/1998, S. 56-67.

Schwingquarz genutzt, welches in z-Richtung zum Schwingen gebracht wird. Vibrationskreisel gibt es in unterschiedlichen Formen unter anderem in Form einer Stimmgabel, eines Recht- oder Dreiecks oder in zylindrischer Form, auf welche sich hier beschränkt werden soll, wie auch in Abbildung 24 zu sehen ist. Die Schwingung innerhalb des Schwingquarzes ist über die piezoelektrischen Elemente abgreifbar. Werden keine äußeren Bewegungen vollzogen, bildet die Schwingung innerhalb des Schwingquarzes eine stehende Welle mit vier Schwingungsknoten und –bäuchen, welche symmetrisch verteilt sind. Wird nun eine Bewegung durchgeführt, verschieben sich aufgrund der Coriolisbeschleunigung $-a = \varphi' \times v$ mit der äußeren Drehbewegung φ', aufgrund der Drehung des Sensors und der Geschwindigkeit v, die Schwingungsknoten und –bäuche. Diese Verschiebung kann an den piezoelektrischen Elementen als Spannung abgegriffen werden und somit die Drehrate bestimmt werden. Über die Drehrate, also die Rotation, kann die Richtungs- und somit Bewegungsänderung berechnet werden.[60]

Auch die Vibrationskreisel besitzen die schon häufig genannten Vor- und Nachteile. So können diese zum Beispiel in sehr kompakter Art und Weise gebaut werden und ermöglichen eine sehr hohe Genauigkeit und Empfindlichkeit. Die Firma BOSCH zum Beispiel gibt für ihre Produktionen eine Empfindlichkeit von um die 5% abhängig vom jeweiligen Modell, an. Bezüglich der Kosten ist zu sagen, dass sich die Vibrationskreisel ebenfalls in Militär, Luft- und Schifffahrt besonders eignen, da die Kaufpreise von 100€ bis mehreren tausend Euro reichen und somit für diese Anwendungen nicht zu kostspielig sind, was allerdings eher gegen eine zivile Anwendung zum Beispiel in mobilen Navigationsgeräten spricht.

Abschließend ist zu sagen, dass noch zahlreiche weitere Möglichkeiten beziehungsweise Alternativen zur „reinen" GPS-Navigation existieren, hier jedoch nur einige ausgewählte vorgestellt werden sollten. Bezüglich der Inertialen Navigationssysteme und der vorgestellten Kreisel und deren Anwendung und Zukunft soll hier stellvertretend Herr Strobel zitiert werden:

> *„Auch die Einführung der Satellitennavigation wird nicht das „Aus" für diese Meßgeräte [sic!] und die damit verbundenen Systeme bedeuten. Erst die Kombination aller gemachten Erfindungen und Konstruktionen und die damit verbundene hohe Redundanz machen die Navigation sicher."*[61]

---

[60] Vgl. Czommer, Renate: Leistungsfähigkeit fahrzeugautonomer Ortungsverfahren auf Basis von Map-Matching-Techniken. Stuttgart, 2000, S. 40ff. Letzte Aktualisierung: 13.12.2000. URL: http://elib.uni-stuttgart.de/opus/volltexte/2001/818/pdf/Czommer_Diss.pdf Zugriff am 06.08.2012.

[61] Strobel, J.: GPS – Global Positioning System. Technik und Anwendungen der Satellitennavigation. Poing 1995, S. 59.

III. Anwendung auf den Unterricht

Nachdem nun einige Inhalte dargelegt wurden, soll sich im letzten Abschnitt dieses Beleges nochmals wie in Kapitel I den didaktischen Aspekten des Themas zugewandt werden. Die obig dargelegten Themen hätten natürlich noch sehr viel tiefgründiger dargelegt werden können, zumal es zu jeder der Navigationsmethoden etliche mathematische Hintergründe gibt, die an den meisten Stellen dieser Arbeit überwiegend mit „[...] daraus kann [...] berechnet werden“ verallgemeinert werden und welche etliche Seiten in der Fachliteratur füllen. Doch ist es auch eine Frage der Schwerpunktsetzung und des persönlichen Interesses (hinzu kommt natürlich noch wie in Abschnitt I erwähnt die Bedingungsanalyse), auf welche Inhalte sich die Lehrkraft konzentrieren möchte. So blieben nicht nur die mathematischen Hintergründe nahezu unberücksichtigt, sondern auch das Thema der Empfänger (GPS) oder noch konkretere und vielseitigere Anwendungsmöglichkeiten, wie es zum Beispiel die Vermessung des Mount-Everests, die Anwendung im Militär bei Raketenabfangsystemen und Minenfeldern im Meer, das Projekt GLONASS und viele weitere andere.[62]

Das Thema der GPS-Navigation ist also ein extrem polyvalentes und komplexes und damit auch anspruchsvolles. Die Schüler benötigen also ein umfangreiches Vorwissen, hohes Interesse und die Bereitschaft, auch einen hohen Arbeitsaufwand nicht zu scheuen, was allerdings, je nach Kurs, in der zwölften Jahrgangsstufe im Leistungskurs voraussetzbar ist, denn das Thema ist schließlich auch alltagsbezogen und nützlich und da es sich um einen Wahlpflichtbereich handelt, gibt es für Lehrende und Lernende natürlich auch eine gewisse Flexibilität in der Planung und Durchführung.

Die Konzeptionierung ist natürlich enorm frei. Da der Wahlpflichtbereich noch einige weitere interessante Inhalte bietet und nur zehn Unterrichtsstunden umfasst, würde es sich, aus der Sicht des Autoren, anbieten, zwei Doppelstunden zu planen. Optimal wäre es, wenn dies wochenendübergreifend wäre, also zwischen der ersten und der zweiten Doppelstunde ein Wochenende läge, sodass die Schüler ein wenig Zeit für ihre geplante Recherchearbeit bekämen. So würde es sich anbieten, in der ersten Doppelstunde die generelle Funktionsweise des GPS einzuführen. Ein Einstieg in den Unterricht würde sich über die Smartphones der

---

[62] Verweis auf Bachmann, P.: Handbuch der Satellitennavigation. GPS Technik – Geräte – Anwendung. Stuttgart 1993, S. 49-92, Strobel, J.: GPS – Global Positioning System. Technik und Anwendungen der Satellitennavigation. Poing 1995, ab S. 159, Hofmann-Wellenhof, B./Kienast, G./Lichtenegger, H.: GPS in der Praxis. Wien 1994, ab S. 31, Mansfeld, W.: Satellitenortung und Navigation. Grundlagen und Anwendung globaler Satellitennavigationssysteme. Braunschweig/Wiesbaden, 1998, ab S. 241 und Weitere.

Schüler oder ein mobiles Navigationsgerät, welche im Auto verwendet werden, anbieten, indem generell erst einmal aufgeklärt wird, wie es für solch kleine Geräte möglich ist, immer und überall getrackt zu werden. Auch ein Einstieg über das sogenannte Geocaching, welches mittlerweile zu einer Art Trendsportart geworden ist, würde sich eignen, allerdings müsste geprüft werden, ob die Schüler diesen Sport bereits kennen oder notfalls kurz darüber informiert werden. Nachdem den Schülern die Funktionsweise des GPS wie in Abschnitt II.I, nur didaktisch reduziert, kennen gelernt haben, sollen sie zum Ende der Stunde in drei Gruppen eingeteilt werden. Jeder Schüler bekommt ein Arbeitsblatt und ein festgelegtes Thema (Arbeitsblätter im Anhang nach der Abbildung 24), zu welchem der Arbeitsauftrag auf dem Arbeitsblatt festgelegt ist. Die Themen entsprechen den im Beleg aufgeführten Themen. Die Aufgabe der Schüler soll es sein, sich, in eigenständiger Recherchearbeit, mit dem jeweiligen Thema auseinander zu setzen und zur nächsten Stunde verstanden zu haben, was mit DGPS, AGPS oder INS gemeint ist und wie die ungefähre Funktionsweise dieser Navigation von statten geht. Sie sollen, nachdem sie die Funktionsweise des GPS verstanden haben, auch ein Gespür für die Weiterentwicklungen und das Potential, welches in dieser Technologie steckt, was auch eine gewisse Faszination ausübt, erkennen können und auch ein wenig in der Historie erleben (bezüglich der INS), wie die Navigation vor den neunziger Jahren durchgeführt wurde und wie weit die Entwicklung zu dem Zeitpunkt bereits war. Die zweite Doppelstunde stünde gänzlich in der Schüleraktivität. Die Jugendlichen sollen ihre Rechercheergebnisse präsentieren und sich gegenseitig aufklären. Da jeder Schüler in unterschiedlichem Umfang und auf unterschiedliche Weise recherchiert (vorher sollte noch, je nachdem wie „reif" der Kurs ist, darauf hingewiesen werden, dass eine reine Wikipedia-Recherche nicht ausreichend sein soll, nicht zuletzt, damit nicht alle Schüler die gleichen Ergebnisse einbringen), sollen sie sich ergänzen. Vorerst würden sie sich in den Gruppen zusammenfinden und sich gegenseitig so aufklären, dass ein umfangreicher Fundus an Wissen zu einem Thema bereit steht. Anschließend begänne die Präsentation, welche von der gesamten Gruppe vor den anderen Gruppen gehalten werden würde. In dieser Zeit überprüft die Lehrkraft die Richtigkeit der Aussagen und nimmt notfalls Ergänzungen vor. Das Auditorium soll auch Fragen zum jeweils anderen Thema stellen, sodass sich ein kleiner Diskurs entwickelt. Die Schüler im Auditorium besitzen jeweils die noch unausgefüllten beiden anderen Arbeitsblätter der anderen Gruppen, welche sie ergänzen, während die jeweilige Gruppe lehrt, sodass am Ende der Stunde jeder Schüler über die Funktionsweise des GPS und die Alternativen DGPS und AGPS und über die Vielseitigkeit der inertialen Navigationsmöglichkeiten aufgeklärt ist. Je nach Zeit wäre es noch möglich, auf diverse

Beispiele einzugehen oder auf das von den Schülern als am schwierigsten befundene Thema nochmals im Frontalunterricht einzugehen. Besonders bei den INS ist die Auswahl der Möglichkeiten ja besonders hoch. Die Schüler sollen am Ende nicht nur über die einzelnen Themen informiert sein, sondern auch für die Lehrkraft sollte es ersichtlich sein, dass sie die Leit- und auch die Teilfragen für und von den Schülern beantwortet sieht, was allerdings durchaus realistisch erscheint.

Weiterhin ist noch zu sagen, dass sich dieses Thema auch für eine Projektwoche anbieten würde. Die einzelnen Themenbereiche sind so vielseitig und es wäre möglich so tief in die Materie einzudringen, dass es durchaus möglich wäre, fünf Tage daran zu arbeiten. Dabei könnte den Schülern jedes der Themen kurz vorgestellt werden und diese könnten sich anschließend entscheiden, welches der Themen sie am interessantesten finden. Die Lehrkraft müsste natürlich Lernressourcen zur Verfügung stellen, aber, wie auch die Konzeption der beiden Doppelstunden zeigt, kann bei diesem Thema besonders die Neugier und die Eigentätigkeit der Schüler gefördert werden, da ein selbstständiges Erarbeiten und anschließendes Präsentieren durchaus sinnvoll erscheint.

Zuletzt sei noch darauf hingewiesen, dass die didaktische Reduktion an das Niveau der Schüler angepasst werden sollte und je nach Situation angewendet wird. In der Konzeption der beiden Doppelstunden wäre es zum Beispiel sinnvoll, die genauen mathematischen Berechnungen (bezüglich der vier Gleichungssysteme der Satelliten) stark zu reduzieren. Natürlich ist die Mathematik ein wichtiger Aspekt, doch bei so begrenztem Zeitvermögen sollte sich auf die essentiellen Inhalte der Physik bezüglich des Verstehens der Funktionsweisen konzentriert werden. Auch in Hinblick auf die relativistischen Korrekturen und anderen Fehler müsste abgeschätzt werden (in einer Projektwoche wäre dafür sicherlich genug/mehr Zeit), inwiefern es sinnvoll wäre, diese so exakt zu erläutern. Des Weiteren müsste überlegt werden, welche Aspekte unter den INS nicht mit einbezogen werden. Der piezoelektrische Vibrationskreisel zum Beispiel ist eine sehr komplexe Angelegenheit und findet, zumindest im Vergleich, keine so häufige Anwendung in der Praxis wie die anderen Möglichkeiten.

Es ist also zu sehen, dass bei diesem Thema eine starke individuelle Abhängigkeit von den Bedingungen herrscht. Außerdem bietet das Thema eine unglaubliche Vielfalt und schier unerschöpfliche Möglichkeiten, es im Unterricht auf verschiedenste Art und Weise zu lehren, doch ein letzter Aspekt soll hier noch hervorgehoben werden: Die Vernetzung von Wissen. Besonders in einem Wahlpflichtbereich der zwölfte Klasse, kurz bevor das Abitur bevorsteht und die Schüler die Schule verlassen, sollten die Schüler noch eine Botschaft mit auf den Weg bekommen: dass die Physik allumfassend ist. Im hier vorgestellten Bericht wurde klar, dass die Schüler ein umfangreiches Wissen aus den unterschiedlichsten (Lern-)Bereichen benötigen. Sie sollen verstehen, dass Physik nicht nur ein paar Phänomene und Formeln sind, sondern dass basierend auf einzelnen Erkenntnissen Konstrukte entstehen, die faszinierend sind. Die Funktion des GPS ist schon sehr beeindruckend, aber dass es so viele Teilbereiche der Physik und einzelne Komponenten gibt, die diese Funktion erst ermöglichen, dies wäre eine willkommene Botschaft. Die Vernetzung unterschiedlicher Bereiche und das Wissen um diese bringen immer neue Erkenntnisse und weiteren Fortschritt. Wenn die Schüler verstehen, dass Physik nicht nur ein „Formeln-Lern-Fach" sondern das Verstehen, Lösen und Analysieren von komplexen Prozessen ist und der Nutzen erkannt werden kann, dann wird auch die Neugier und damit auch die Motivation und Begeisterung für diese Wissenschaft, auch über die Schule hinaus, steigen.

IV. Eidesstattliche Erklärung

Hiermit versichere ich, dass ich die Hausarbeit selbstständig verfasst und keine anderen als die angegebenen Quellen und Hilfsmittel benutzt habe, alle Ausführungen, die anderen Schriften wörtlich oder sinngemäß entnommen wurden, kenntlich gemacht sind und die Arbeit in gleicher oder ähnlicher Fassung noch nicht Bestandteil einer Studien- oder Prüfungsleistung war.

Robert Schich.

V. Abbildungsverzeichnis

VI. Anhang

Physik Jahrgangsstufe 12 – Leistungsku

Wahlpflicht 2: Anwendungen der Physik **10 Ustd**

Übertragen der Kenntnisse über Wellen auf Anwendungen in Technik und Medizin	Erkunden und Vertiefen der Phänomene als Grundlage für das Übertragen auf Anwendungen
- Wellenlänge von Schallwellen, Doppler-Effekt für Schallwellen	
- Sichtbarmachen von Gewebe durch Ultraschall	Darstellung der Informationen durch rechnergestützte Auswertung
· Laufzeitunterschiede	Impuls-Echo-Verfahren
· Frequenzverschiebung	Dopplereffekt-Verfahren
- Erzeugung und Eigenschaften der Röntgenstrahlen	
· Untersuchung von Schweißnähten	
· Computertomographie	
Einblick gewinnen in weitere Verfahren	selbstständiger Wissenserwerb Vorträge mit Bildschirmpräsentation Ortung und Entfernungsmessung, Radar und Satellitennavigation; Prüfung und Bearbeitung von Werkstoffen durch Ultraschall, Röntgendiagnostik, radiologische Diagnoseverfahren in der nuklearmedizinischen Diagnostik

Abbildung 1: Lehrplan Lehrplan Gymnasium – Physik. Dresden 2009, S. 59.

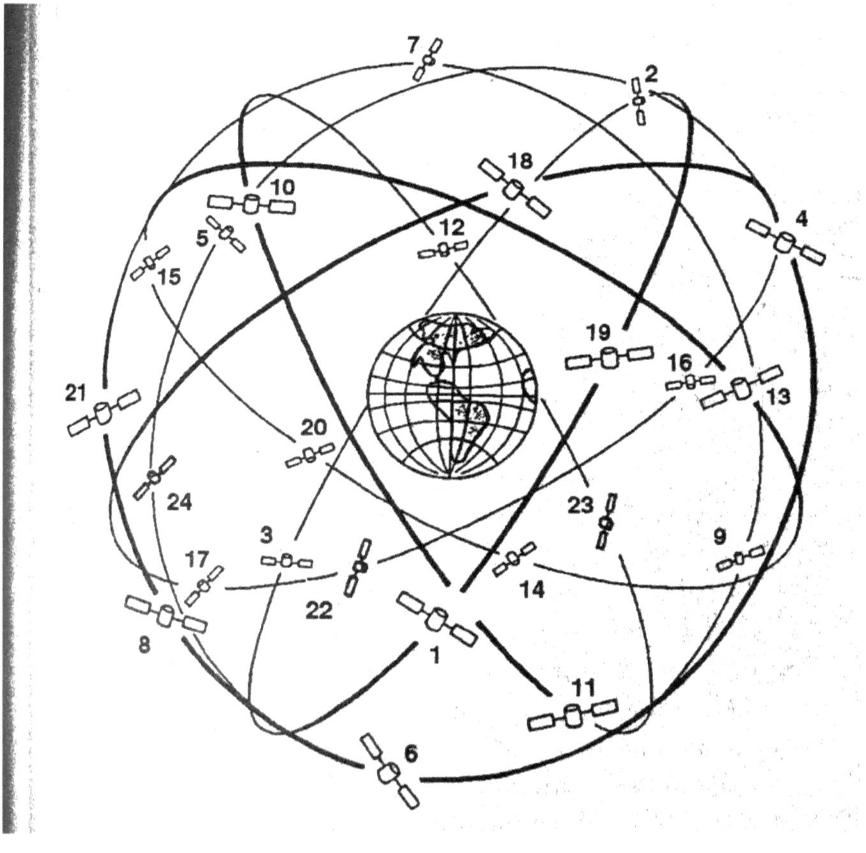

Abbildung 2: 24 Satelliten auf 6 Bahnebenen (Quelle: Mansfeld, W.: Satellitenortung und Navigation. Grundlagen und Anwendung globaler Satellitennavigationssysteme. Braunschweig/Wiesbaden, 1998, S. 117).

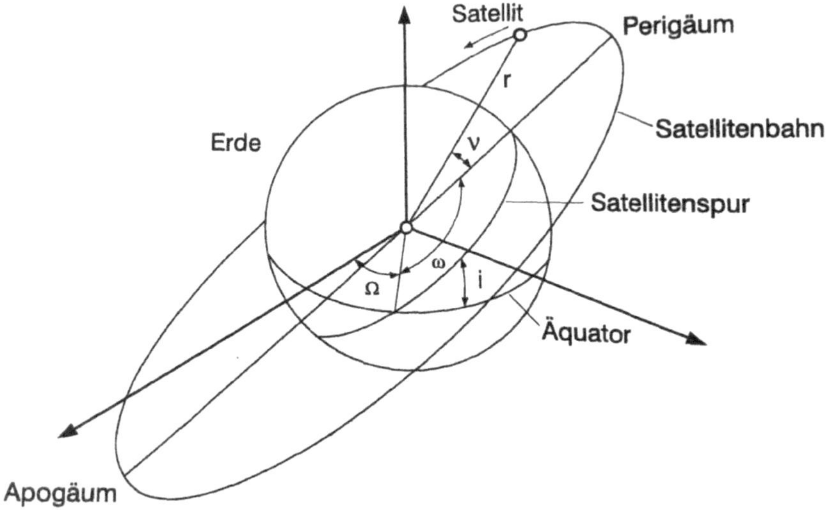

Elliptische Bahn eines Satelliten

Abbildung 325: Bahnbewegung eines Satelliten (Quelle: Mansfeld, W.: Satellitenortung und Navigation. Grundlagen und Anwendung globaler Satellitennavigationssysteme. Braunschweig/Wiesbaden, 1998, S. 26).

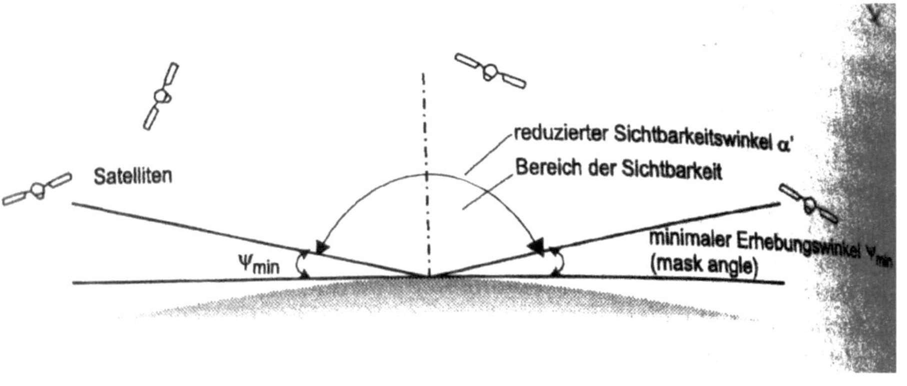

Abbildung 426: Abschalt-, Sichtbarkarkeits- und Erhebungswinkel (Quelle: Mansfeld, W.: Satellitenortung und Navigation. Grundlagen und Anwendung globaler Satellitennavigationssysteme. Braunschweig/Wiesbaden, 1998, S. 204).

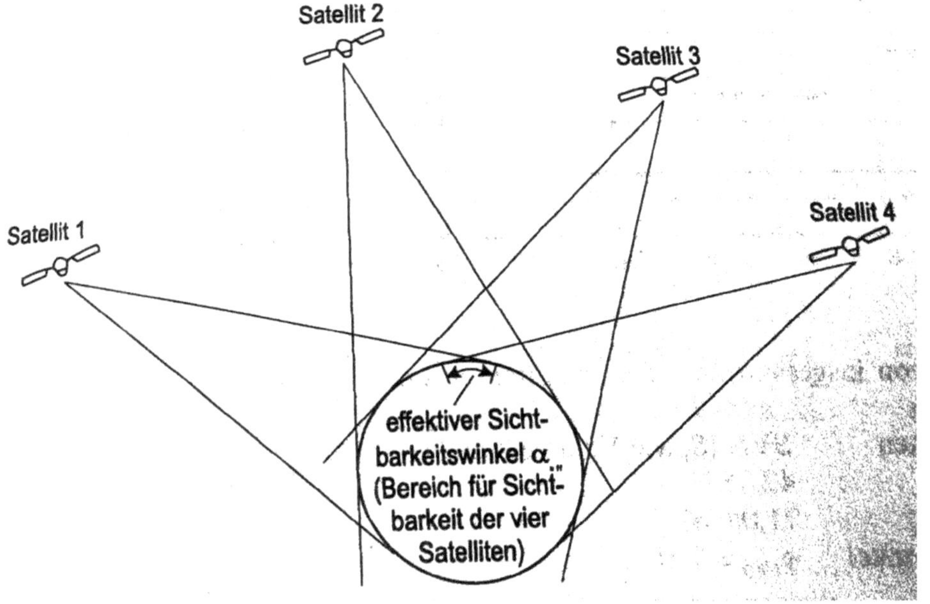

Abbildung 527: Sichtbarkeitswinkel für vier Satelliten (Quelle: Mansfeld, W.: Satellitenortung und Navigation. Grundlagen und Anwendung globaler Satellitennavigationssysteme. Braunschweig/Wiesbaden, 1998, S. 205.).

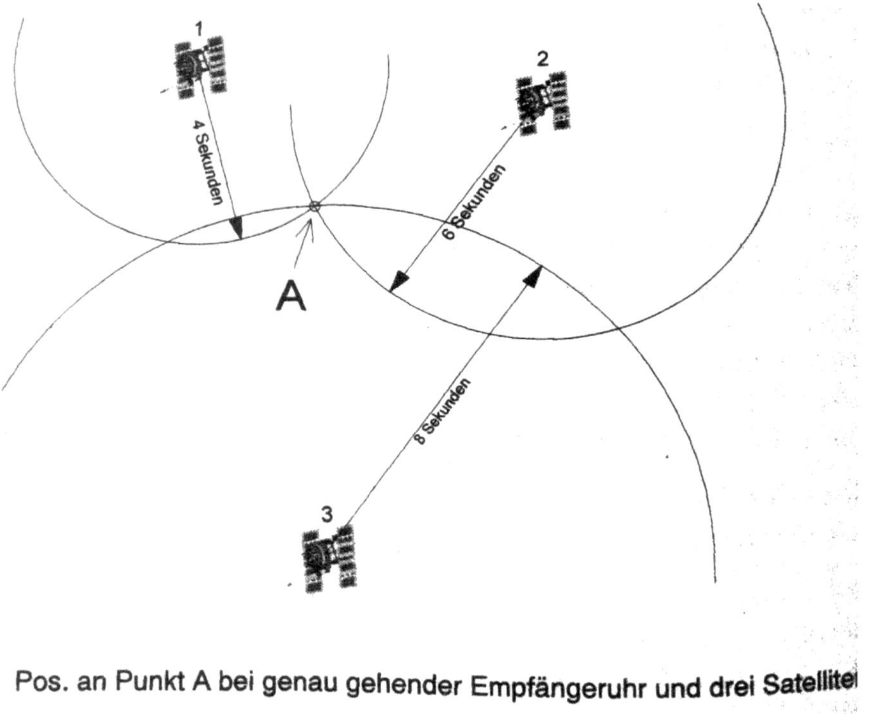

Abbildung 628: Das Orten mittels drei Satelliten (Quelle: Strobel, J.: GPS – Global Positioning System. Technik und Anwendungen der Satellitennavigation. Poing 1995, S. 106).

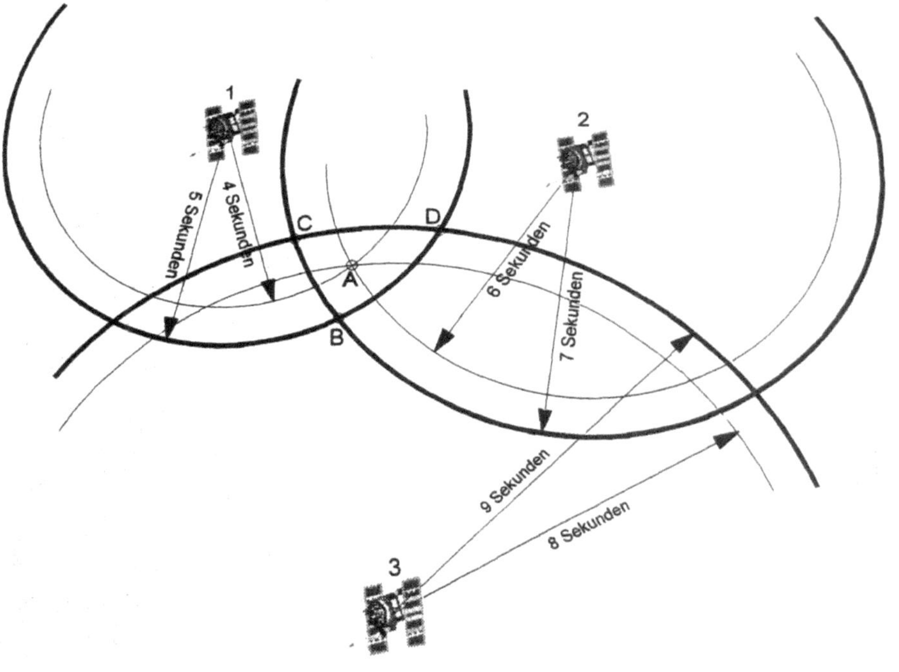

Abbildung 7: Probleme mit den Quarzuhren und die verwendete Lösung (Quelle: Strobel, J.: GPS – Global Positioning System. Technik und Anwendungen der Satellitennavigation. Poing 1995, S. 107).

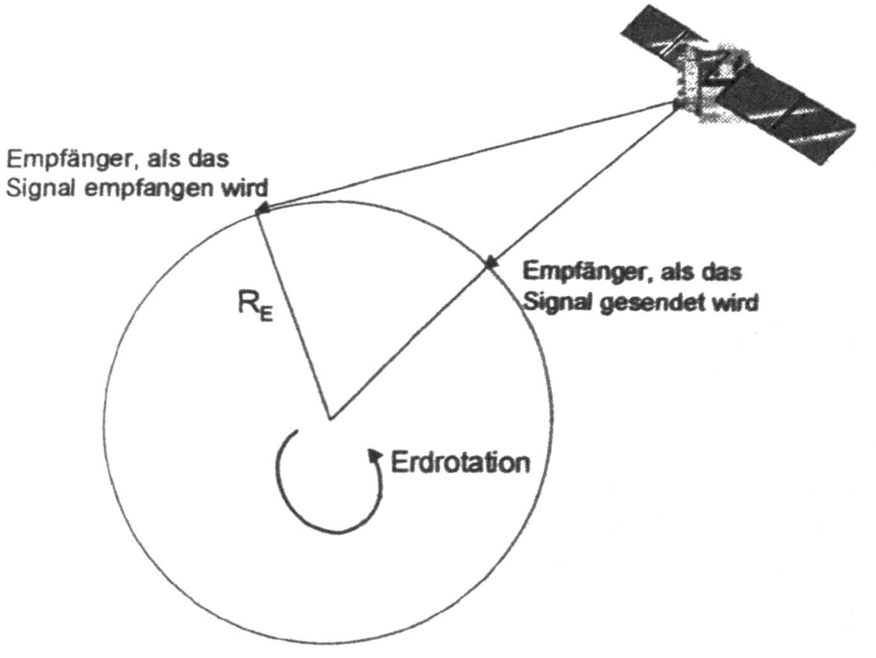

Abbildung 8: Der Sagnac-Effekt als Problem beim Signalempfang (Quelle: Thaller, G. E.: Satellitennavigation. Das Global Positioning System (GPS). Baden-Baden 1999, S. 54).

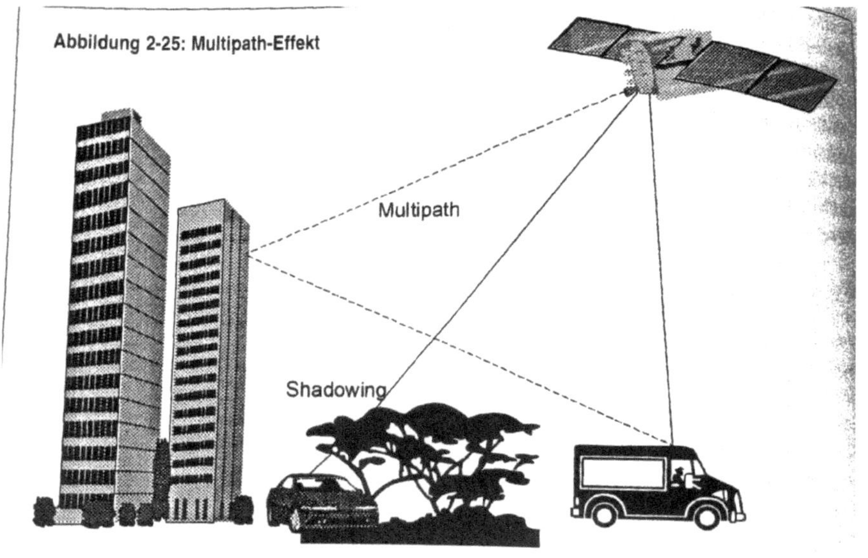

Abbildung 929: Mehrwegeffekt und Shadowing (Quelle: Thaller, G. E.: Satellitennavigation. Das Global Positioning System (GPS). Baden-Baden 1999, S. 54).

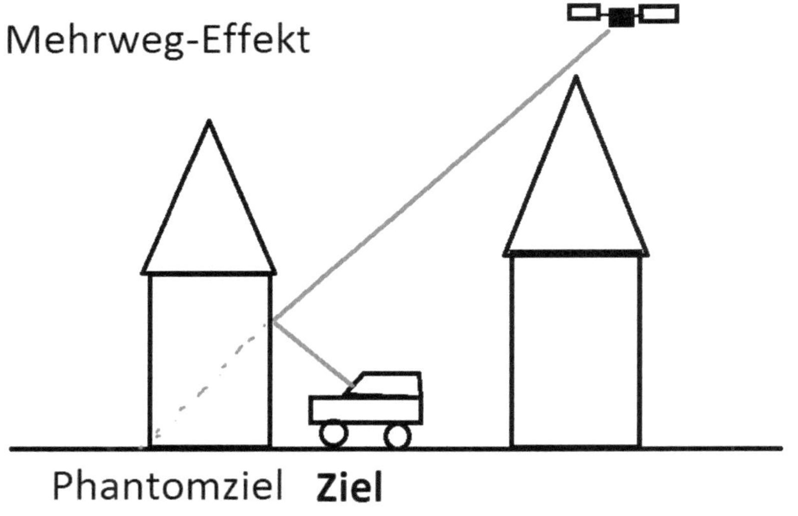

Abbildung 1030: Falsche Ortung durch den Mehrweg-Effekt (Quelle: Schich, R.)

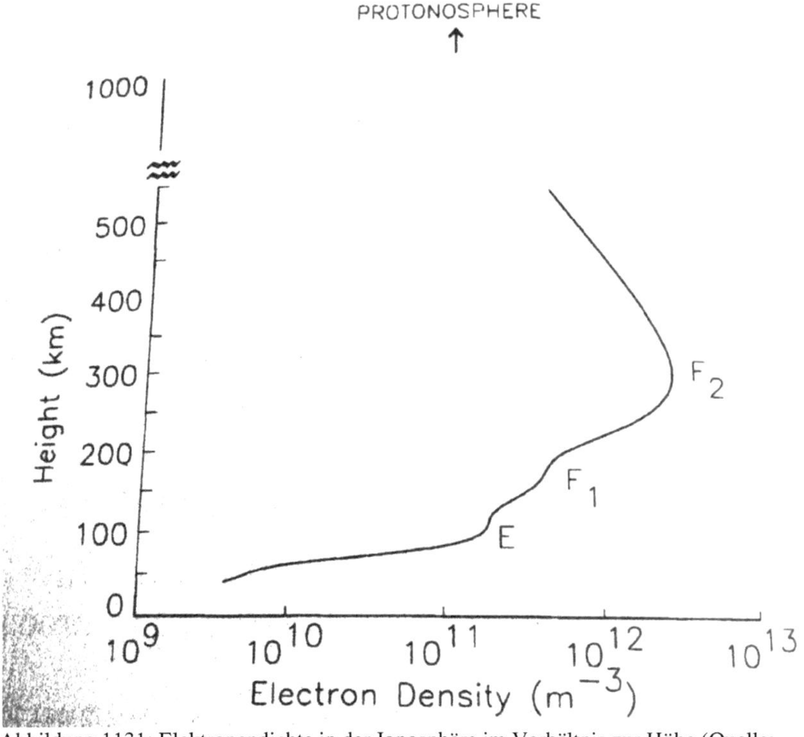

Abbildung 1131: Elektronendichte in der Ionosphäre im Verhältnis zur Höhe (Quelle: Zarchan, P. [Hrsg.] u.A.: Global Positioning System: Theory and Applications Volume I. 3. Auflage, Danvers 1996, S. 486).

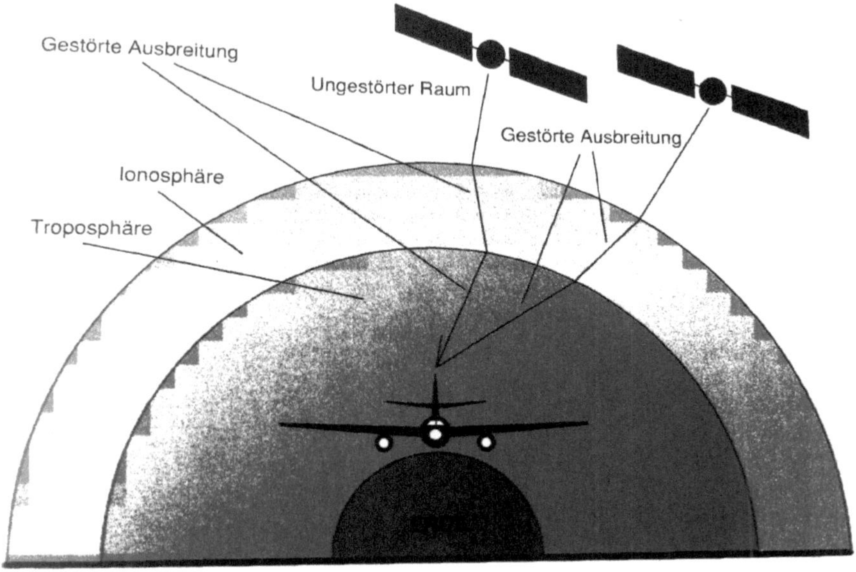

Laufzeitfehler der Satellitensignale durch Brechung in der Atmosphäre.

Abbildung 12: Störung der elektromagnetischen Wellen in der Iono- und Troposphäre (Quelle: Bachmann, P.: Handbuch der Satellitennavigation. GPS Technik – Geräte – Anwendung. Stuttgart 1993, S. 37).

Physikalische Größe	Maximale Abweichung [Meter]
Auswirkungen der speziellen Relativitätstheorie	$2{,}5 \cdot 10^{-10}$
Auswirkungen der generellen Relativitätstheorie	$7{,}0 \cdot 10^{-10}$
Ionosphäre	15
Troposphäre	2,4
Rotation der Erde während der Signallaufzeit	35

Tabelle 2-13: Korrekturfaktoren [4]

Abbildung 1332: Korrekturfaktoren bezüglich der vorgestellten Störfaktoren in Metern (Quelle: Thaller, G. E.: Satellitennavigation. Das Global Positioning System (GPS). Baden-Baden 1999, S. 71).

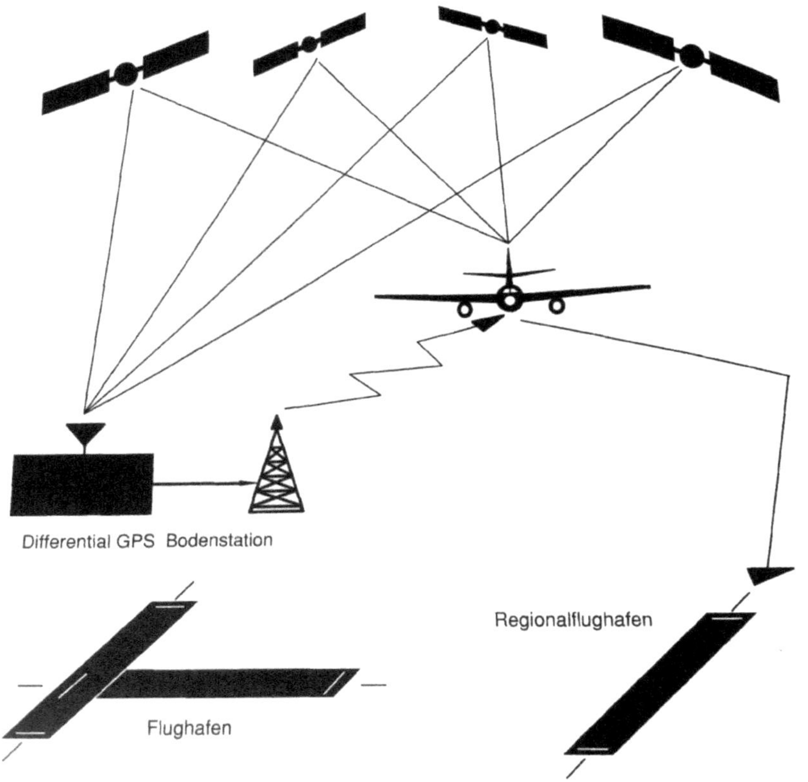

DGPS-Präzisionsanflug. Die DGPS-Anlage befindet sich an einem Flughafen, der Anflug selbst erfolgt auf einem benachbarten Regionalflughafen.

Abbildung 1433: Präzisionsanflug auf einen benachbarten Regionalflughafen mittels DPGS-Referenzstation (Quelle: Bachmann, P.: Handbuch der Satellitennavigation. GPS Technik – Geräte – Anwendung. Stuttgart 1993, S. 42).

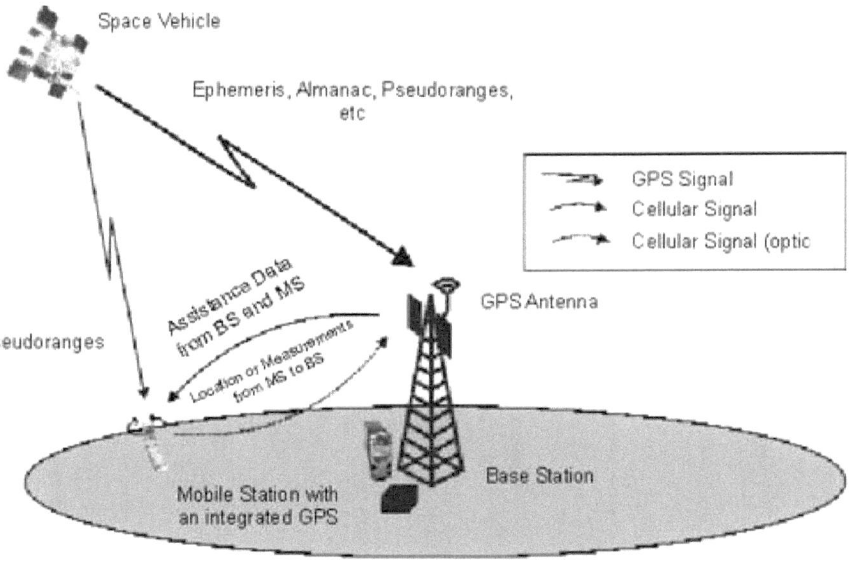

Abbildung 15: Funktionsweise des AGPS (Quelle: Mobile Arch: A Review of the iPad's GPS. Letzte Aktualisierung: 14.10.2010. URL: http://mobilearch.blogspot.de/2010/10/review-of-ipads-gps.html Zugriff am 04.08.2012).

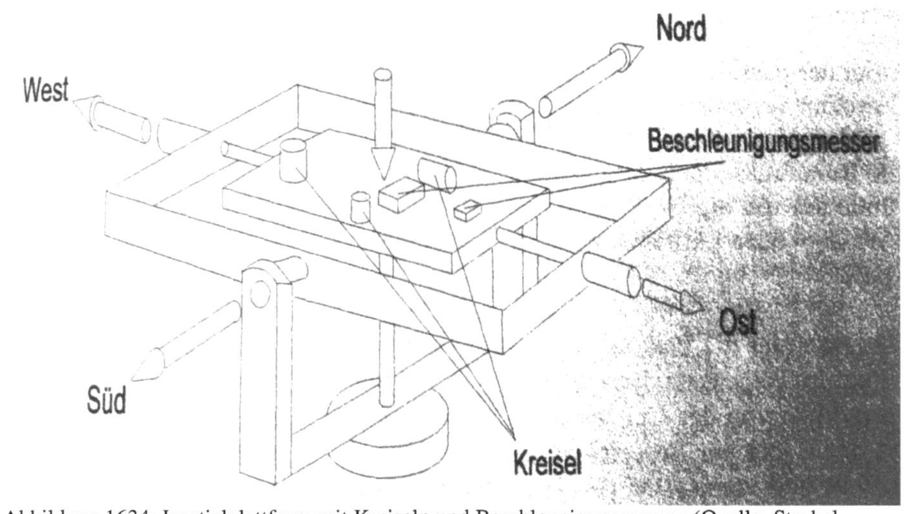

Abbildung 1634: Inertialplattform mit Kreiseln und Beschleunigungssensor (Quelle: Strobel, J.: GPS – Global Positioning System. Technik und Anwendungen der Satellitennavigation. Poing 1995, S. 21).

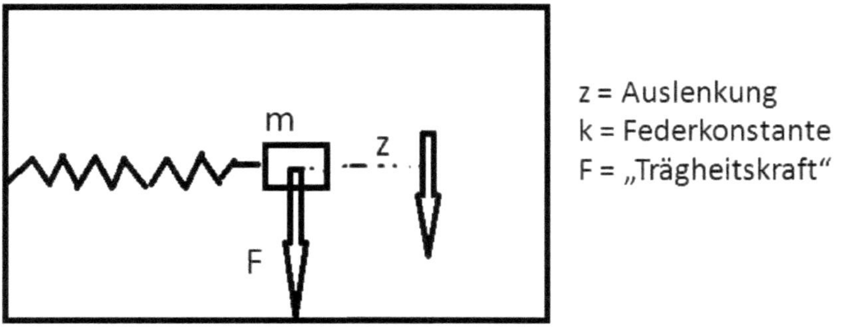

Abbildung 1735: Wirkungsprinzip eines Beschleunigungssensor (Quelle: Schich, R.)

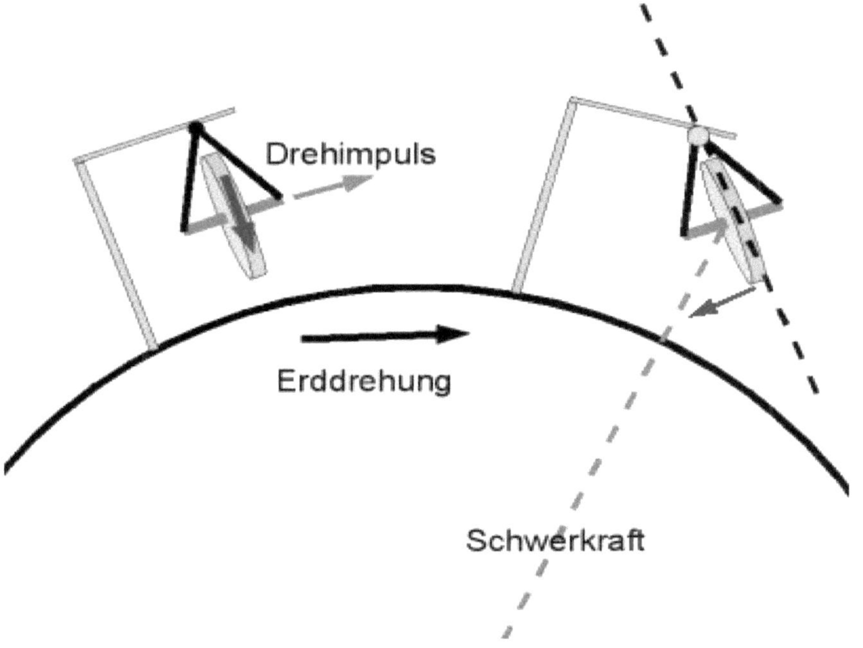

Abbildung 1836: Schematische Darstellung der Funktionsweise des Kreiselkompass' (Quelle: Salzman, W.: Wissenstexte. Physik-Wissen: Kreiselkompass. Letzte Aktualisierung: 11/2008. URL: http://www.physik.wissenstexte.de/kreiselkompass.htm Zugriff am 05.08.2012).

Abbildung 1937: Um 1926 von Anschütz-Kaempfe und Einstein entwickelter Kreisel-/Kugelkompass, welcher zur Massenproduktion geeignet war (Quelle: Deutsches Museum München. Letzte Aktualisierung: unbekannt. URL: http://einstein-virtuell.mpiwg-berlin.mpg.de/E/E/11340/SEQ00000516/ZOG00000517/useTemplateImage?n=1&springback=/E/E/11340/MSQ00001427/viewSequence?msq=2,,/E/E/11340/SEQ00007257/BRA00007258/useTemplate? Zugriff am 05.08.2012).

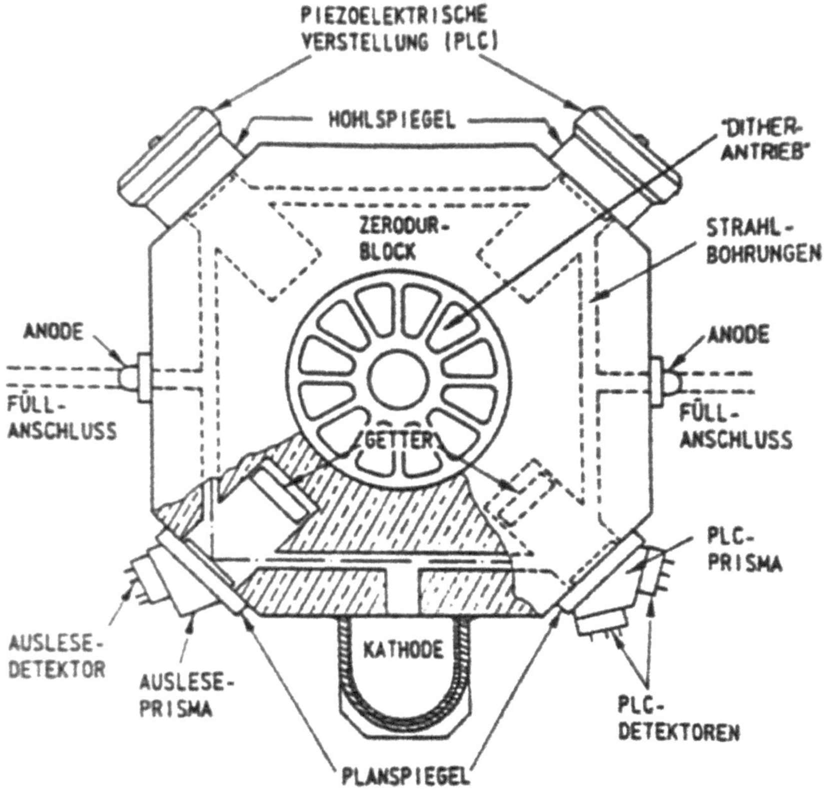

Abbildung 2038: Schematisches Aufbau eines Ringlaserkreisels (Quelle: Gaul, L./Kistner, A./Mangold, U./Sorg, H. [Hrsg.]: Universität Stuttgart. Institut A für Mechanik. Anwendungsorientierte Genauigkeitsanalysen von satellitengestützten Trägheitsnavigationssystemen. Stuttgart 5/1998, S. 50).

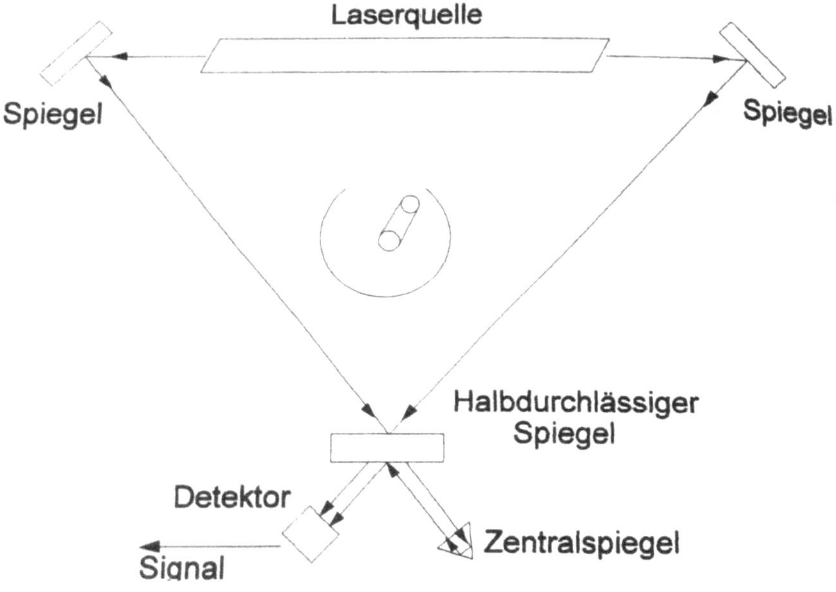

Abbildung 2139: Vereinfachter schematischer Aufbau eines Ringlaserkreisels (Quelle: Strobel, J.: GPS – Global Positioning System. Technik und Anwendungen der Satellitennavigation. Poing 1995, S. 58).

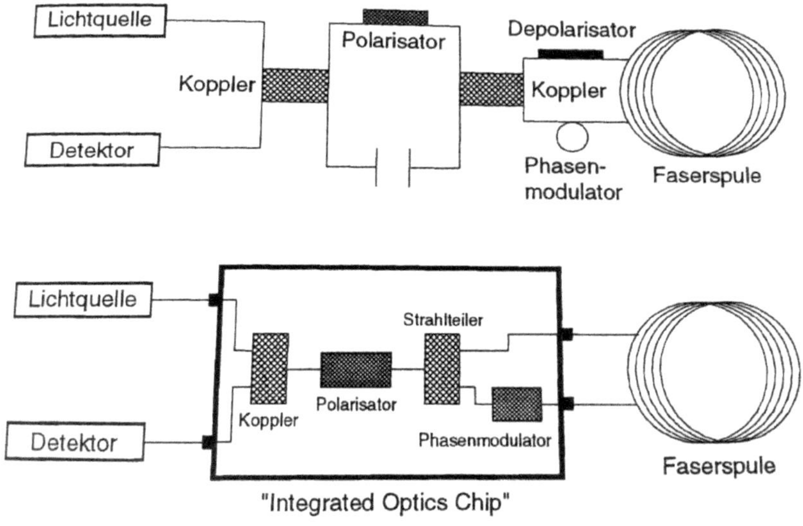

Abbildung 2240: Schematischer Aufbau eines faseroptischen Kreisels (Quelle: Gaul, L./Kistner, A./Mangold, U./Sorg, H. [Hrsg.]: Universität Stuttgart. Institut A für Mechanik. Anwendungsorientierte Genauigkeitsanalysen von satellitengestützten Trägheitsnavigationssystemen. Stuttgart 5/1998, S. 57).

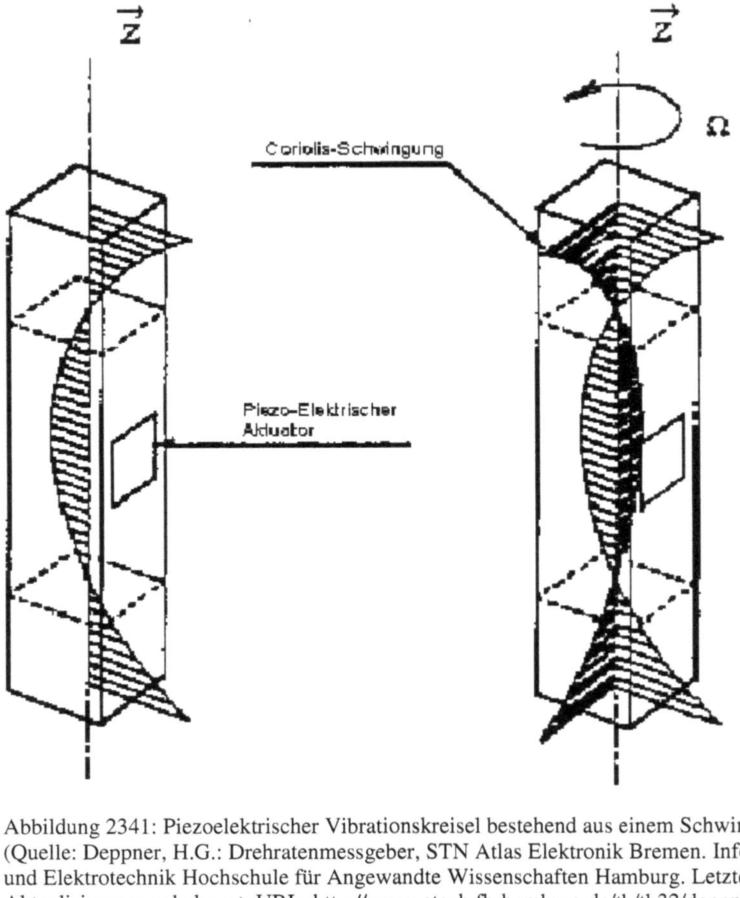

Abbildung 2341: Piezoelektrischer Vibrationskreisel bestehend aus einem Schwingquarz (Quelle: Deppner, H.G.: Drehratenmessgeber, STN Atlas Elektronik Bremen. Informations- und Elektrotechnik Hochschule für Angewandte Wissenschaften Hamburg. Letzte Aktualisierung: unbekannt. URL: http://www.etech.fh-hamburg.de/tb/tb32/deppner.pdf Zugriff am 07.08.2012).

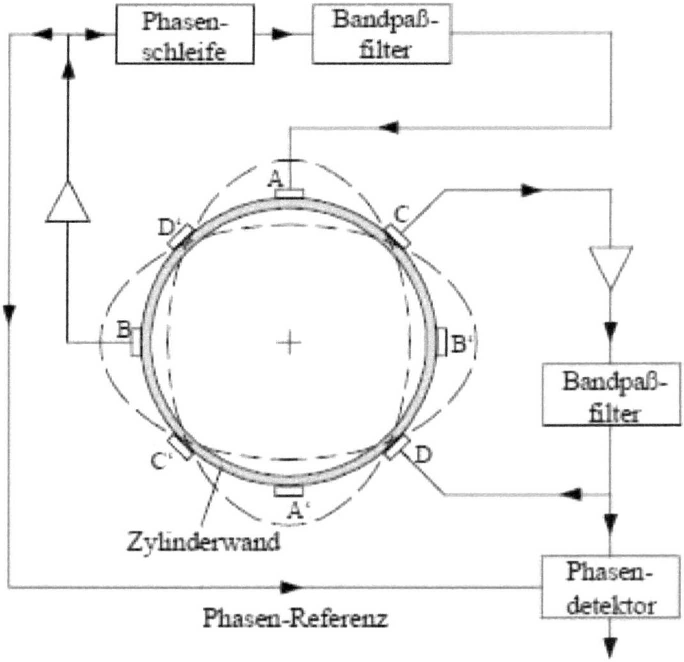

Abbildung 2442: Schematischer Aufbau eines Vibrationskreisels mit Elektroden und Piezoelementen (Quelle: Czommer, Renate: Leistungsfähigkeit fahrzeugautonomer Ortungsverfahren auf Basis von Map-Matching-Techniken. Letzte Aktualisierung 13.12.2000. URL: http://elib.uni-stuttgart.de/opus/volltexte/2001/818/pdf/Czommer_Diss.pdf Zugriff am 06.08.2012).

VII. Literatur

Literatur:

Bachmann, P.: Handbuch der Satellitennavigation. GPS Technik – Geräte – Anwendung. Stuttgart 1993.

Gaul, L./Kistner, A./Mangold, U./Sorg, H. [Hrsg.]: Universität Stuttgart. Institut A für Mechanik. Anwendungsorientierte Genauigkeitsanalysen von satellitengestützten Trägheitsnavigationssystemen. Stuttgart 5/1998.

Halliday, D./Resnick, R./Walker, J.: Halliday Physik. 2., überarbeitete und ergänzte Auflage. Weinheim 2009.

Hofmann-Wellenhof, B./Kienast, G./Lichtenegger, H.: GPS in der Praxis. Wien 1994.

Jank, W./Meyer, H.: Didaktische Modelle. 9. Auflage, Berlin 2009.

Mansfeld, W.: Satellitenortung und Navigation. Grundlagen und Anwendung globaler Satellitennavigationssysteme. Braunschweig/Wiesbaden, 1998.

Sächsisches Ministerium für Kultus [Hrsg.]: Lehrplan Gymnasium – Physik. Dresden 2009.

Strobel, J.: GPS – Global Positioning System. Technik und Anwendungen der Satellitennavigation. Poing 1995.

Thaller, G. E.: Satellitennavigation. Das Global Positioning System (GPS). Baden-Baden 1999.

Zarchan, P. [Hrsg.] u.A.: Global Positioning System: Theory and Applications Volume I. 3. Auflage, Danvers 1996.

Zarchan, P. [Hrsg.] u.A.: Global Positioning System: Theory and Applications Volume II. 3. Auflage, Danvers 1996.

Internet:

AgriCon. Precision Farming Company. Letzte Aktualisierung: unbekannt. URL: http://www.agricon.de/unternehmen/precision-farming/ Zugriff am 03.08.2012.

Czommer, Renate: Leistungsfähigkeit fahrzeugautonomer Ortungsverfahren auf Basis von Map-Matching-Techniken. Stuttgart, 2000. Letzte Aktualisierung: 13.12.2000. URL: http://elib.uni-stuttgart.de/opus/volltexte/2001/818/pdf/Czommer_Diss.pdf Zugriff am 06.08.2012.

Deppner, H.G.: Drehratenmessgeber, STN Atlas Elektronik Bremen. Informations- und Elektrotechnik Hochschule für Angewandte Wissenschaften Hamburg. Letzte Aktualisierung: unbekannt. URL: http://www.etech.fh-hamburg.de/tb/tb32/deppner.pdf Zugriff am 07.08.2012.

Deutsches Museum München. Letzte Aktualisierung: unbekannt. URL: http://einstein-virtuell.mpiwg-berlin.mpg.de/E/E/11340/SEQ00000516/ZOG00000517/useTemplateImage?n=1&springback=/E/E/11340/MSQ00001427/viewSequence?msq=2,,/E/E/11340/SEQ00007257/BRA00007258/useTemplate? Zugriff am 05.08.2012.

Esri Industries. Letzte Aktualisierung: unbekannt. URL: http://www.esri.com/news/arcuser/0103/differential1of2.html Zugriff am 03.08.2012.

Gneiting, S.: Ende der Schnitzeljagd: A-GPS macht die Navigation schneller. Letzte Aktualisierung: 02.10.2007. URL: http://www.zdnet.de/39158099/ende-der-schnitzeljagd-a-gps-macht-die-navigation-schneller/ Zugriff am 04.08.2012.

Mobile Arch: A Review of the iPad's GPS. Letzte Aktualisierung: 14.10.2010. URL: http://mobilearch.blogspot.de/2010/10/review-of-ipads-gps.html Zugriff am 04.08.2012.

Prehn, Sebastian: Beschleunigungssensoren zur Lagebestimmung, Proseminar Fachbereich Informatik Universität Kaiserslautern. Letzte Aktualisierung: unbekannt. URL: http://www.planetswebdesign.de/uploads/media/beschleunigungssensoren_main.pdf Zugriff am 06.08.2012.

Quantenwelt: GPS Almanach – Position und Zeit der GPS Satelliten. Letzte Aktualisierung: unbekannt. URL: http://www.techniklexikon.net/d/piezowiderstand/piezowiderstand.html Zugriff am 06.08.2012.

Salzman, W.: Wissenstexte. Physik-Wissen: Kreiselkompass. Letzte Aktualisierung: 11/2008. URL: http://www.physik.wissenstexte.de/kreiselkompass.htm Zugriff am 05.08.2012.